选 择

善经济和我们的未来

曹慰德　著

上海文化出版社

图书在版编目（CIP）数据

选择：善经济和我们的未来/（新加坡）曹慰德著. —
上海：上海文化出版社，2024.4
ISBN 978-7-5535-2921-9

Ⅰ.①选… Ⅱ.①曹… Ⅲ.①世界观形成-研究
Ⅳ.①B821

中国国家版本馆 CIP 数据核字（2024）第 042379 号

出 版 人：姜逸青
责任编辑：葛秋菊
责任监制：刘 学

书 名：选择：善经济和我们的未来
著 者：曹慰德
出 版：上海世纪出版集团 上海文化出版社
地 址：上海市闵行区号景路 159 弄 A 座 3 楼 201101
发 行：上海文艺出版社发行中心
上海市闵行区号景路 159 弄 A 座 2 楼 206 室 201101 www.ewen.co
印 刷：上海盛通时代印刷有限公司
开 本：890×1240 1/32
印 张：6.125
版 次：2024 年 4 月第 1 版 2024 年 4 月第 1 次印刷
书 号：ISBN 978-7-5535-2921-9/G.478
定 价：58.00 元

如发现本书有印装质量问题请联系印刷厂质量科 T：021-37910000

作者的其他出版物

《幸福时代的曙光：通往美好世界的新途径》
厦门大学出版社
2023

《量子领导力：商业新意识》
北京机械工业出版社
2019

谨以此书献给

那些觉醒于大健康和幸福事业的人们；

那些因其永恒智慧而被尊为圣贤的人们；

那些大胆探索意识领域的现代科学家们；

那些能够在新时代构建新经济模型的经济学家们；

那些有能力为人类最纯粹的爱和愿望而行动和服务的企业家们；

以及那些相信未来掌握在我们手中的人！

目 录

第三部分 未来已来

序

长久以来，我一直试图理解世界在我的一生中是如何变化的。我所属的婴儿潮这一代人，见证了人类历史上最伟大、最激昂的范式转变。在度过嬉皮士般的大学时代后，我发现自己突然毫无征兆地陷入了一个迅速全球化、技术突飞猛进和市场经济引领的全新世界，一切都让我感到措手不及。曾经那个熟悉的世界，包括父母教给我的一切，似乎都悄然发生着改变。

现在，在这个时代，我们刚刚经历了疫情全球大流行的影响，这让我偶尔才会进行的冥想习练变得更加集中。由于无法像惯常那样自由旅行，且需要适应在线会议的新常态，这意味着我和其他许多人一样，大部分时间都只能待在家里。我的家已经成了我的世界，长时间的独处给了我充分的空间来思考如何过我的生活。

我是 20 世纪 60 年代长大的孩子，是那个时代的真正产物。我目睹了全球化所带来的巨大变化，以及由此带来的可持续性挑战。在我作为家族企业第四代掌舵人的四十五年的商业生涯中，我看到了更多的东西——我看到了不断累积的物质财富，也看到了狂欢派对的另一面：操纵全球系统的无形之手，银行家们的阴险狡诈，乃至可以从内部活生生吞噬一个企业的腐败现象。

这数十年来，从日本到"亚洲四小龙"（新加坡、韩国、中国台湾、中国香港），以及最近的中国大陆，都出现了真正的"东方崛起"的信号。同时，我也目睹了工业时代系统的瓦解和失败——不负责任和不加控制的经济增长可能对社会造成的损害，以及可能因此加剧的社会不平等现象。人类社会许多旧的结构虽然在过去为我们提供了很好的服务，但在今天已经慢慢失去了其适应性。只有接受重建，才能适应新时代的善经济，这是我将在本书中讨论的一个重要概念。

现在与过去的区别是什么？通过这次全球疫情中的反思，我观察到一些深刻的事情正在全球范围内发生。在过去，我们想当然地认为事物都是独立存在的。我们相信，重要的是那些有形的、可见的物质，并且可以通过我们的感官感知到。这种机械的、功利的范式，过去一直支配着人类的想象力，现在，则正被完全不同的东西——量子范式——所取代。

量子范式将生命定义为宇宙存在于万物之中，万物存在于宇宙之中。它认为所有事物都是整体的。在某种程度上，量子范式将我们的过去、现在和未来联系起来，将古老的世界观、神秘主义和信仰融合在一起，成为连接古今中外的新世界观。

较之相信这个世界可以被掌控和感知，量子范式把不可见的东西放在了更重要的位置上。这些是进化的能量，它在我们的生活中不断循环并控制着生命的演化，然而我们无法清晰看见或捕捉到它，更不用说要去掌控了。与此同时，恰恰是我们的意识，人类的集体意识，促成了这些进化能量的产生。也恰恰是我们的思想，人类的思维方式，塑造了我们的世界观、文化、经济、政治、技术等我们所认知的一切。简而言之，人类在意识的引导下创造了我们生存的系统。

如果能解开量子范式的多重含义，我们的生活会有什么不同？如果把意识看作一种经验，而不去探索其深度，那么我们对现实的理解能否超出目前的想象？怎样重新思考我们与整体的关系，才能让每个人都认识到我们与整体相连，并服务于整体？

这些是我一直在努力解决的问题。在一个"感知逐渐成为现实"的世界里，现实本身的性质便不再具有确定性，我需要寻找另一个立足点，让自己在生活中扎根。为此，我将注意力转向中国古老而经典的智慧体系，深入思考一直延续至今的中国人的价值观和精神。我推断，在这个量子时代，"中国崛起"的背后一定有其依据。

我的故事是关于永恒运动和进化的。很小的时候，我就开始问自己有关存在的问题；我不断地思考我在这个世界上存在的原因，并试图了解我生来要做什么。后来，作为一个企业家，我也参与见证了资本主义经济引发道德问题和可持续性挑战的过程。

1993 年，在机缘巧合之下，我开始练习冥想。这种生活习练使我发生了重要变化。我开始向内探索，接触集体智慧，这让我能够以前所未有的方式感知这个世界。冥想越频繁，我就越深入地与内心世界最深邃的部分联系起来。这样的旅程一开始并不带有任何目的性；我只是坐下来冥想。然而，目的和用意却日渐清晰。这一过程让我渐渐产生了要去探寻今生使命的深深的信念。

后来回想的时候我才意识到，当时的感受是爱，是一种让世界重整并向一致性发展的愿望。可能很多人认为这种想法太过冒险，但我学会了把它视为一个宝贵的机会，去创造我所渴望的未来。尽管我不确定为什么会有这种感觉，但我清楚地看到了可能性。我的智性层面开始追随内在使命的召唤。那是一种与整体连接的感觉，也是一种对一致性的渴望。后来我才明白，这种感觉可以以任何形式出现：爱、悲伤、连接或灵感。一旦认识到这一点，这些感觉就再也不能被忽视。

我无法对看到的东西视而不见。

在接触到自己的使命并理解了人生的意义时，我开始思考人类社会在整个历史上的演变。我的发现之一是物理学和形而上学之间的桥梁。这为我提供了对一种新世界观的洞察力：在新的量子范式里，生命就是一切，一切就是生命。随着世界观的改变，我也开始改变，我被带出了我习惯的舒适区。慢慢地，我接受了最初被迫赋予的东西，并逐渐将其视为发挥创造力的空间，这是我接收到的启示。对我来说，这就像"分岔理论"（bifurcation）所说的转折点，这是一个重要的概念，将在书中反复出现。

这本书是在一个重要的十字路口诞生的。在读者手中展开的正是我在个体和集体层面上的思考，涉及许多主题，从意识到经济、从科学到文化、从领导力到管理等。它整合了我在见证动荡世界的各种趋势时的领悟，以及我如何坚信这些见解能够在未来转化为有利于人类的行动。

这本书融合了我的东方血脉和西方成长经验。当我站在这个十字路口时，我希望能展现西方意识科学与东方传统生命智慧的合一。这些世界观的融合将为全人类带来一种共同的语言和目标。认知彼此的共性，尊重并拥抱生命的多样性，应对共同的挑战，借此我们将能够整合过往的经验与智慧，更从容地面向未来发展。

对我来说，这是一场觉醒的旅程——发现我们真正向往的是爱和连接。这也是一场具备主人翁精神的旅程，让我们更有责任感、更道德地管理手中的资源，从而实现一系列共同的目标。

美国比较神话学和宗教学专家约瑟夫·坎贝尔（Joseph Campbell）曾经讨论过"千面英雄"的原型，之所以这样命名，是因为这一神话广泛适用，不受社会、历史和文化背景的限制。我希望我这场从冥想练习开始的推动整体性和一致化的英雄之旅，能够为每一个为人类命运共同体构建可持续未来的人，贡献一些智慧。

我把这本书送给所有在生活中与经济打交道的人，无论他们代表的是政府、企业、企业家、个人还是社区。本书提出了"同一个世界，同一个人类"的愿景，期望为所有人带来繁荣的生活。本书提出的信念是，经济活动的根本目的是为生命服务的。为此，我提出了解决困扰当今世界可持续发展和全球化问题的想法。我认为这本书是对一种倡议的实验，认真对待联合国提出的"幸福范式"，并将其更符合逻辑地落地执行。该范式落实到日常生活中会是什么样？我们如何反思并响应这一紧急呼吁？由欲望驱动的经济，随着我们对内在使命的觉醒，会发生怎样的变化？

对一些人来说，这本书将勾勒出一个愿景或提出一种使命；对另一些人来说，我提出的可能是一个疯狂的想法。我的意图不是建立一个世界观的等级体系，也不是规定唯一的发展方式。文化没有高下对错之分，我们只是从不同的有利角度解读世界，并通过不同水平的意识过滤观点。我相信我们可以借助多样性的力量，建立一种共同的文化。正是彼此之间的共同点，将我们的命运紧紧相连，让我们有责任保护这个属于所有人的星球。

在面对百年未有之大变局的当下，我呼吁所有人做出自己的选择，将目光从以自我为中心的"我"转向范围更大的、集体的"我们"。让我们一起开启这场向内的进化之旅，发现我们存在的本质，团结协作，与我们周围的一切协调一致，并重新定义以服务生命为终极目的的善经济。我们可以共创这个人类历史上独一无二的新时代，它建立在一个促进所有生命走向繁荣的共同的世界观之上。我们都拥有选择的自由——成为更好的自己，依靠卓越的潜力，走向合一。

前 言

在寻找生活的目的和意义的过程中，我们常常过分忽略这样一个事实，即作为个体，作为生物学上的生命，作为众生的集合，我们真正的目的和生命的意义源于我们的内在。一切事物和生命在本质上都是系统性的。从宇宙到人类社会，从身体到细胞，我们时刻被提醒着，在一个更大的系统中存在层层更精微的系统，它们经由爱和幸福与彼此连接。

世界上唯一不变的就是变化。一切都在因循进化的能量演变，这是一种创造性的能量。进化又总是产生更多的能量，并向着不断变化同时不断整合的系统前进：大的系统，如宇宙、星系，甚至更远；中等的系统如我们的地球和国际政治关系；精微的系统，如我们的身体和细胞。这种运动使我们在进化过程中经历了许多阶段和状态，直至成为今天的我们。正是这种连续不断的运动加速了整个进程，让我们感觉自己仿佛在以极快的速度穿过时间。

今天，人类站在一个新时代的风口浪尖上。这就是量子时代，一个觉醒的时代。然而只有当我们认识到并顺应这一潮流，发展内在世界与外在大世界的关系时，真正的觉醒和转变才能到来。几个世纪以来，人类的生活方式一直在进化，从以生存为导向到专注于对享乐的满足，如今，是时候优先考虑我们生存的目的和意义了——有目的地和整体保持一致，这便是幸福的所在。为了所有人的幸福，我们要做出选择：跟随生命的灯塔，开启向内的旅程，找到自己的使命和人生的意义。

为了弄清我们所处的位置和去向，我们需要一个新的以哲学为指导的经济范式。这种新范式是一种以个体和整体幸福为前提，将经济理论的个人和公共层面结合起来，从而创造一套用以管理各个层次和规模的、有说服力的经济体系。

在这本书中，我们以人类在创造过程中发挥关键作用为前提——作为一个与众不同的物种，人类处于意识的最前沿，是高度自我觉察的、积极的变革者，也是为宇宙的持续进化作出贡献的最佳代表。宇宙和人类在不断地变化，而且是有序地变化。这种秩序背后隐藏着整体范式，一切都作为整体的一部分而存在。我们将在"整体宇宙，物质世界和我们"这部分探讨这个问题。通过了解"人类进化史"和阐述新的"变革理论"，我们将对人类文明在整个时代的发展轨迹做出有力的说明，并确定社会演变和发展的变化途径。每一个时代的变化都是从意识和世界观的转变开始的，这为人类的选择提供了依据，反过来又开启了一系列可观测的社会、经济、政治和环境转变。从对横跨东西方的"大历史"的描述，到借鉴现象学和形而上学中对意识的描述，本书旨在澄清和阐明宇宙流动和转变的机制，以及人类和文明的走向。

是什么让这些变化变得有意义？是什么让一个人的生活有了目的？我们如何才能过上好的生活，而不让这个目标成为一种固化的东西？这就是"幸福理论"的作用。"向善"和"幸福"都是同义词，反映了人类应该关注的最理想的福祉状态。我们可以从马斯洛的需求层次理论中得到一两点启示——认识到美好生活需要的远不止肉体和最原始的欲望，他把这个阶段称为自我实现，要求我们转变意识，顺应以整体为目的和意义的自然运动。一切从根本上说都是统一的，无论系统的规模如何；人类本身就是系统中的系统。那么，幸福就是一个系统在内部与自己，以及在外部与它周围的所有系统达到一致的状态。因此，当我很好时，一切都很好；当一切都很好时，我也很好。我们所有人都聚集在一个整体的、不可分割且相互依赖的系统中。

为了真正掌握变化的当代影响，并唤醒我们对这种转变的意识，我们需要建立一个"量子领导者的愿景"。量子领导力立足于人与宇宙的特殊关系，鼓励我们通过有目的的领导和有意义的追随进行治理。这种进化能量的运动不断进行校准并回归和谐的状态。这是一个自我打破、自我调整、自我重组并自然转化到平衡的过程。包括你我在内的每个人都能通过有意识的习练，来培养和驾驭量子领导力。

当我们与自己的身体协调一致时，当我们的思想和精神结合在一起时，当我们的意识转变时，这种飞跃就会发生，从而使我们内心世界的一体性得以显现。在量子领导力中，意识是资本之源，并努力推动人和自然保持一致。这种一致性是多样性的和谐统一、相互融合，进而抵达一种真正来自内在的幸福的状态。

本书最后更详细地勾勒出"基于社会转型及整合的新经济模式"，是如何通过认识和拥抱量子领导力而产生的。尊重这个整体宇宙才是关键。为了实现这一转变，一个新的有序的经济范式已经出现，以纯粹的幸福为导向，并进行精确的有意识的自我调节。当人类的欲望与真正的自我本性保持一致、不断协作和创造时，新的量子范式便会经由古今中外视野的合一得到重建。这样一个由幸福主导的范式，将划定道德的边界，并促使人类对自己的决定和行动负责。

我如何理解整体宇宙、物质世界和我们的关系？

整体宇宙和物质世界之间是有所分别的。整体宇宙是无形的，它是纯粹的能量，是所有物质创造的源头，包括地球上有意识的人类。而我们常说的物质世界则是有形的，它是整体宇宙和意识领域在现实世界的构成。只有在整体宇宙中，我们才是全然一体的。在物质世界中，我们则处在不断的变化调整之中，以寻求连接和一致性。

人体是一个奇妙而复杂的系统，由大约 50 万亿个细胞组成。细胞作为社区的独立成员在人类这个充满凝聚力的系统中发挥着沟通和协作的作用。这种运动反映了进化能量的本质，即一个不断整合、破坏、重组的过程，它们共同构成了整个人类凝聚性的缩影。

而我的论点的独特之处则在于，将人类视为整体宇宙的一个缩影。人类是地球上最具创造力和意识的物种。人类历史上不断破坏重组的运动看起来可能是混乱的，但反映了进化能量的本质。这个过程看起来也可能遍布冲突，因为整个系统在个体的"我"和集体的"我们"之间转变，为了什么是真实和正确而斗争。在这些转变中，人类可以选择与集体一致还是相悖，而最终依然会引领所有系统校准合一——这就是创造、维系、解构和重组的循环过程。这些也都是大自然持续不断进行整合的和谐、协作、进化的周期。

变革理论

那么，在宇宙、地球和我们的日常生活中，变化究竟是如何产生的？在我看来，变化是不可避免的，而且是相互关联的。我们上面讨论的进化能量不断地在运动、创造、游移和转化。人类作为这一创造过程的一个组成部分，有选择如何应对的自由。我的变革理论是系统性的——随着意识的转变，我们通过一个新的视角来感知世界，这反过来又影响了我们的思考和感受，以及我们的行为方式。最终，思考和行动通过互动得到巩固，并最终形成我们的文化。

1974 年，美国心理学家克莱尔·W·格雷夫斯（Clare W. Graves）发表了一个名为"螺旋动力学"的八级系统，用来模拟人类的进化层级。25 年后，这个概念被美国教育家唐·爱德华·贝克（Don Edward Beck）和美国神经学家克里斯托弗·C·考恩（Christopher C. Cowan）完善。螺旋动力学模型被概念化为一个彩色编码的八级系统，从生存开始，一直贯穿人类社会复杂的进化过程。格雷夫斯随后提出了超越人类进化现有水平的另一个层次。他认为每一个价值体系的产生都是对前一个体系中所提出的困境和问题的回应。我们所处的时代是一个开放的螺旋。一个新的价值体系即将出现，使我们能够对众多新的全球挑战作出适当的响应。

我们是如何与这些价值一起进化的？我们是如何回应的，我们又应该如何回应？进化论生物学家说过，进化不是为了适者生存，而是为了让生物和有机体对其所处环境的整体系统作出灵敏的反应。"响应性"（responsive）和"责任"（responsible）这两个词有着相同的词源，这并不是巧合。同时对内在的需求和外部世界的需求做出响应，是人类在历史上得以生存和发展的独特品质。我们利用与生俱来的能力与这个充满多样性的巨大的环境体进行同步、整合，并为其增值。

事实上，我建议将变革理论视为一个大循环，其中有两个不同但相互关联的系统——我们的内部系统和外部系统。内部系统的特点是意识的转变，这是一场发现自我真实本性和实现全部潜能的旅程，并将影响我们世界观的转变，反过来我们欲望的基本属性也随之发生了转变，最终，新的欲望影响了我们对行动的选择。至于外部世界，正是通过选择的不断变化从而激活了更大系统的转变，如经济中的供求关系，这反过来又使我们的社会、文化和政治风气发生改变。这些变化是持续的、非线性的和相互加强的，它们可以有先后顺序，抑或同时发生。

　　而责任要求我们与所处的环境协同创造，并与更大的系统保持一致，比如"我们"（相对于个体的"我"）的系统，它告知我们要作为集体成员行动。我们在这里提倡的责任感，是在个人行动意图和目的的背后保持对集体和一致性的探求，同时依然保持个体行动的自由。生命的价值在于合作与合一，我们生来就有一种对道德的需求和对和谐与安宁的天然追求，无论用良知、上帝还是道德定义它。我们深知有一个更广大的系统存在于我们之上。整个宇宙以及人类正朝着动态合一的方向转变。系统在一个不断循环再创造的环境里发展，当系统被破坏时，解构和重组就会发生。因此我们需要做的是唤醒更深层的自我意识，找到内心使命的所在；反过来，倾听和响应我们的使命，能够拓展人类的创造力，并最大限度地发挥潜能。

人类进化史

　　自人类诞生以来，我们已经走过了漫长的道路。在许多方面，我们的进化方向在很大程度上与美国社会心理学家亚伯拉罕·马斯洛（Abraham Maslow）提出的需求层次论相一致。马斯洛认为，生理需求位于人类需求金字塔的底部，其次是安全需求、爱和归属；然后是尊重；最后，在所有的需求层次之上，是最高层次的自我实现。我们可能不会有意识地渴望它，但人类从根本上说是由一个共同的愿望支撑的，即我们能够成为真正的自己。正如马斯洛所言，幸福就是自我实现。但在这里，我认为，正如我们很快就会看到的那样，自我实现需要与整体宇宙相联系，并对整体宇宙的节奏作出响应。幸福实际上已经是我们在宇宙中的自然状态——不需要刻意努力去实现它，相反，我们需要的只是拥抱当下。

我们并不总是以这种方式构想世界。人类目前的范式是不同世界观在漫长历史中演变的结果，每一种世界观都是为了应对特定时代的挑战而产生的。

自从智人首次在地球上行走以来，人类的发展就源于新时代不断变化的需求和欲望。在最早的时代，人类对充满威胁的自然现象感到恐惧。他们对自然界的敬畏，从核心上说，是一种原始的恐惧。

早期文明时期的狩猎者从恐惧中走出来，开始采取有意识的生存行动。随着狩猎者创建定居点并构成农业社会，他们通过新的世界观自发形成了一个群体，并发展出共同生活、工作和娱乐的社区。他们开始构造、计划和组织他们的社会系统，并开始面向未来，而财富积累的概念便很快形成了。在这个轴心时代，他们还培养了典型的宗教信仰和价值观，这也是欧亚大陆宗教性的出现。

文艺复兴和随后的启蒙运动被一个全球经济快速增长和扩张的时代所取代。通过工业革命，社会需求的重大变化加剧了人类文明获取资本和财富的动力。竞争割裂了人与人之间的联系，专业度上升，团结却逐渐被取代，由此产生了作为新秩序的孤立社区。因此，社会的不平等和财富的差距扩大了。曾经将人类与自然联系起来的信仰体系和精神实践失去了意义，被科学进步和理性主义所取代。从生物学和神经学的角度来看，人类在进化中优先考虑他们的理性能力和对快乐的追求，而不是他们的感性能力。这就是为什么很多现代人不再像以前那样相信我们的直觉。

不可否认的是，在过去的 500 年里，我们在物质领域取得了长足的进步和实质性的进展。生活变得很富裕，科学取得了无数的突破，而技术也在不断地发展，使产品和服务的创新能够满足新的社会需求。然而，随着世界范围内经济和社会不平等的扩大，不同的世界观、信仰和文化自然而然地形成了，因为人们更加依赖理性主义和科学。工业化时代创造的富裕的城市社区更注重舒适、快乐和物质满足。而其背后隐藏的贪婪，不出所料地造成了对人类和我们星球的伤害。事实上，像之前的许多世代一样，我们在这个时代面临着一系列特殊的挑战。

当代对现实的大部分思考可以归因于这样一个事实，即直到现在我们还生活在一个物质主义的时代，它崇尚一种基于极端个人主义和疏离的道德体系。由于对个人成功的过高评价，我们中的许多人感到与生活中的集体主义相脱离。在工业化时代，人类已经被调教成以自我为中心的个体，往往忽略了周围人的福祉。虽然个人主义为我们服务，但当个人需求始终优先于集体需求时，人类将付出代价。从系统的角度来看，只有在集体良好运转的前提下，个人才能蓬勃发展。正是由于我们不计后果的行动，可持续和气候变化才成为今天如此紧迫的问题。生物多样性的减少和自然环境的退化，进一步引发了全世界的不和谐。

事实上，COVID-19 的流行真正暴露了个人主义为社会带来的诸多沉重代价；为坚守个人自由的概念，很多人往往拒绝采取必要的预防措施来防止疾病的传播。这场疫情的大流行为所有人敲响了警钟。鉴于我们今天所面临的巨大挑战——气候变化、财富不均、社会结构崩溃、冲突战争等等，我们需要决定是要有意识地参与创造一个理想的未来，还是允许这个系统进一步陷入破坏和可能到来的灭绝。

在新的量子范式中，一个系统的危机状态被描述为一个"分岔点"，即系统进化轨迹的分化。重要的是，这个分岔点可以成为系统继续进化的通行证。系统理论的科学家们认为，虽然分岔的过程是单向的、不可逆的，但它为选择留下了空间。混乱越大，我们就越接近临界点，接近我们必须跨越的本体论鸿沟，以达到意识的下一个层次。

随着物质世界和二元世界有效性的消失，幸福时代作为一个新的集体秩序出现了。当我们将"我"的概念从自身移除，并在新时代拥抱集体的一致性时，我们最终将参与到一个由人类共同编排的所有系统共舞的终极模式里。

幸福理论

当我好的时候，一切都好；当一切都好的时候，我也会好。当各个系统处于协调一致和全方位的繁荣时，我们就将抵达一种幸福的状态。真正的自我本性是圆满的、完整的、快乐的、自我满足的，且充满了爱、创造力和智慧。在我们出生时，所有必要的知识和存在都被编码在我们的 DNA 中，它们是完整无缺的。但我们必须学会如何唤醒内在的真实本性并利用这些天赋。在批判当今社会时，对大历史和社会科学的普遍探索往往忽略了更多基础性的、第一阶的问题，即好的生活需要什么？什么是幸福？

我的幸福理论植根于进化创造过程中的和谐与协作。幸福和福祉归于和谐，这需要在我们存在的所有层面上保持全面的一致性。那么什么是存在呢？从古希腊先哲亚里士多德到中国圣哲孔子，从德国的伊曼纽尔·康德到加纳的安东·威廉·阿莫，无数古今东西的哲学家们都主张这一点，即人类是独一无二的，因为我们有推理、思考、想象、构建、理论化和抽象化的能力。我们是特殊的生命存在，其内核是无限的创造力和爱。然而，我们需要让"真我"从"小我"的桎梏中浮现出来，并认识到那不过是我们欲望的投射。意识到人类灵魂的存在，是我们本性的真实写照，这便是在遵循内在的召唤——让"真我"而非扭曲的"小我"来指导我们的生活。

那么，要做到和谐一致，就要求我们坦诚地生活，穿透扭曲的"小我"从而照见真实的自己。当我们觉醒到内在的真实本性，并遵循使命的召唤生活时，就能将所有生命校准并向着一致化的方向前进。一切皆是生命，是整个宇宙的构成，而人类包含其中。自然而然与进化的力量保持一致，并合作创造出与所有生命合一的状态，这是产生持续的幸福和长乐的源泉。要达到这种状态，我们需要意识的转变。

量子领导者的愿景

最关键的问题是如何转变意识，这就把我们带到了量子领导力的问题上——什么是量子领导力？

量子领导力的核心是对人类与宇宙关系的整体概念的理解，宇宙是我们内在使命召唤的来源。我们所经历的一切的核心，都是源自量子场的信息。量子领导力指的是我们"灵光一现"、去连接并将这些信息准确解读的品质和能力，而这将不断唤醒人类新的意识水平。我们与这些信息保持一致并协作创造的能力是对这种使命的响应。正如我在与克里斯·拉兹洛（Chris Laszlo）合著的书中所讨论的那样，有几个信条支撑着这个说法。

关于量子领导力，前文中有所介绍。创造过程是一个循环，随着我们的结构变得更加复杂，我们越来越多地经历解构、重置和重组，并循环往复。驱动量子领导力的前提是修身。似乎一切早已存在于我们的内部，但我们必须唤醒它，这样我们就能自然地与他人保持一致和协同，并不断展开合作和创造。当然，我们所做的工作是使人类团结起来，创造并使人类向着整体的状态进化。这种觉醒是对我们真实本性的认识，对人生使命的认识，是产生我所说的变革的进化能量的原因。

这种意识将反过来影响管理的实践，即对生命有道德且负责任的管理。这样的管理提炼出创造性的进化能量，并通过思想的传递达成集体的共识，使人类朝着一致性和全方位繁荣发展。

根本性的变化很少来自高层，它通常起源于底层。为了使"分岔"发生并在人类系统中生效，需要同时满足临界的基数和思维方式的转变，而当我们实现这一飞跃时，人类的进化就会随之发生。因此，即使只是一小群人的意识转变，唤醒了他们内在的使命，也能为系统性转变提供必要的有力推动。而量子领导力将成为推动这一进程的催化剂，促使量子跃迁的实现，使人类进入一个全新的幸福时代。

基于社会转型和整合的新经济模式

一个关于我们与整体宇宙、物质世界和生命的关系的全新世界观正在出现。我们正迎来一场集体的转变，也是一个面向集体的转变，一个面向命运共同体繁荣的范式的转变。因为人类被赋予了最高的自我觉知和意识，我们的存在即是为整个生命系统增值，因而它始终在扩展和进化之中，而非不断地原地打转。前者是一个螺旋上升的正向累积，而后者只是单纯的零和游戏。人类需要重新连接我们的核心目的和内在使命。通过有意识且深思熟虑的行动，人类的思想逐渐一体化和相互联系——我们也因而能更深入地认识和了解彼此了。

COVID-19已经敲响警钟，敦促人类关注集体的健康和幸福。我们必须利用这一特殊时期，找到幸福的根本意义，找出应对亚健康和压力的工具及资源，并建立一个长期可持续的新结构。在极端危机的时刻，人们往往会认识到团结的力量。看起来大流行病造成了分裂和问题的加剧，但它的出现很可能是启动人类进化进程的转折点。将我们的社区向合一的方向延伸，我们现在必须探索出一种新的合作模式，整合彼此的世界观，为地球上的人类命运共同体服务。

即使是联合国也不得不承认，世界已经和以前不一样了。自2012年4月在不丹等地举行的可持续发展会议以来，他们进行了大量的研究。当时，联合国将地球上人类目前的现实称为有可能实现的幸福范式。根据联合国的说法："各国政府应衡量其人民的幸福和福祉，并利用幸福和福祉的决定因素来指导公共政策。"这种想法源自许多国家已经具备足够的物质财富和能力，使人民不再需要担心日常的生存问题。与其说是针对资本积累和物质财富，不如说是对真正的幸福的追求，为人类社会的广泛发展提供了动力。

如今，许多公司已经调整了他们的工作模式，以适应大流行后的社会新常态。企业也正在重新规划他们的使命和愿景。ESG（Environmental, Social and Governance，即环境、社会和治理）标准以及影响力投资，逐渐受到广泛的关注和重视。各个国家也开始重新思考，如何在成为全球化重要组成部分的同时，实现自给自足。各国不得不重新评估和谐、公民权和集体主义在危机时期的意义。自由、人权和民主这样的概念也将被重新定义，从而适应这个不断变化调整的大环境。

在极端危机的时刻，人们不仅仅感受到团结的力量，并且也渐渐开始重视团结的力量。无论是以自我为中心还是以集体协作为基础，我们的世界观都是一切行动的前提。当世界观不一致时，我们将形成不同的信仰、价值观和生活哲学，从而形成不同的文化和身份认同——这也间接播下了分化的种子。历史告诉我们，当世界对自身的叙述不连贯时，当分歧严重时，当我们拒绝适应不断发展变化的世界时，争端就会变异为冲突，进而演化为战争。

与西方相比，东方管理文化往往是自上而下的，中央集权的，并注重在政治和经济之间发展一种谨慎的管理和指导关系。西方可以从东方学习集体主义和社群主义的优点，就像东方会从西方采用的基础设施和制度中受益一样。东西方都在应对这个时代共同的可持续性挑战。东西方也都存在着优势和缺陷，值得更冷静、公平、客观地看待彼此。而我们也将在"中国特色发展道路"这一章节中详细探讨这一话题。

我们对批评和争论不太感兴趣。相反，真正让我们产生好奇的是，是什么让中国的治理方式与西方的治理方式截然不同？在过去的几千年里，无论是历朝历代还是当代中国，这片土地上的成功治理者都是通过实质性的成果来赢得人民的支持。我们对以人民为中心的中国治理方式的本质感兴趣，而非某个特定的政策。

未来在我们手中。继续向外探索并积累物质财富，还是转向一场向内的生命旅程，通过自我实现和精神财富来指导生活——这是我们要做出的共同选择。通过每个人内在的领导力潜能，我们找到了应对挑战的方案。如果我们希望促进整个人类的团结，我们必须构建一个一致的生命叙事，以及一个共同的世界观，即以为生命增值为前提的价值观和原则。这就是我们在"合一世界"中重新获得话语权的同一个"选择"！

量子范式中的新经济模式实际上是一种基于社会转型的新模式——源于 260 多年前英国经济学家亚当·斯密（Adam Smith）在《道德情操论》中提出的关于道德和市场本质的观点。亚当·斯密认为，道德是人类固有的一部分，指导我们的生活方式，并以其真正的本质引领我们走向整体。

我在这本书中提出的是一种新幸福时代的经济学哲学思想，在亚当·斯密的基础上，提出了关于意识和变革理论的思想。基于自我内在的自在状态和外在众生的幸福表达，从建立以自我利益为核心的自由市场经济向善经济体系的转变，这将引领人类获得解放，并在一个共同繁荣的世界里，收获更美好的生活。

第一部分
全球觉醒

如果你把这场觉醒视为无尽的混乱，
便只会感到时代的动荡。

如果你把它看作连接新时代的过渡期，
则会被激动人心的希冀所祝福。

人类正在觉醒，因为我们拥有选择权。
未来就掌握在我们手中！

第一章

从人类进化史到变革理论

本章的探讨，从邀请读者对变化进行一次全面的思考开始。变化是如何发生的？变化如何塑造我们的经济、社会和政治秩序，使我们从一个时代转向另一个时代？从原始宗教和原始时代，到关键的工业和信息革命时代，千百年来，塑造我们历史的充满动荡的范式和结构性转变，提供了关于人类如何演变的宝贵线索和信息。

融合西方科学和东方传统的共同世界观的出现

自 18 世纪的启蒙运动和第一次科学革命以来，

人类被一种基于实利主义、决定论和机械主义的现实世界观所支配，其中功利主义逻辑占主导地位。牛顿科学依靠的是经验上可观察和可测量的实证。

当下，我们正在见证一种新的量子世界观的出现，它挑战了牛顿科学的基本规律，关于意识和生命系统合一的新科学已经到来，它以量子范式为基础，被量子物理学的发现所证实。在这一范式中，物质只是给人以实体表象的能量团，意识则是参与创造这种表象的过程。美国理论物理学家大卫·博姆（David Bohm）就曾提出，意识与物质的创造是共生的。换句话说，我们认知和看待世界的方式决定了我们思考、感受和创造的方式。

工业革命的三次迭代都以牛顿科学为基础。正如世界经济论坛创始人兼执行主席克劳斯·施瓦布（Klaus Schwab）所总结的那样："第一次工业革命（1765 年）利用水和蒸汽动力使生产机械化，第二次（1870 年）利用电力创造了大规模生产，第三次（1969 年）利用电子和信息技术使生产自动化。现在，第四次工业革命正在第三次工业革命的基础上进行。它是自上世纪中期以来持续扩大的信息革命。"这个时代由量子科学的最新发展所推动，新兴技术模糊了物理、数字和生物存在的界限。

科学在人类进化中一直扮演着重要的角色，它与人类的欲望同步发展，引领生活方式和文化的转变，并最终改变了人类文明的发展方式。科学进步带来了技术的进步，并持续满足人类进化的需求，这反过来又作用于我们的经济体系。

随着机器越来越多地取代了重复性的体力劳动，人类重新与创造性的自我联系起来。牛顿的世界观注重专业化和效率，主导世界几个世纪之久。这在我们的思维方式、流程和体系中形成了一座座孤岛，使人类彼此分离。如今我们需要的是团结，只有当万物互联，并与更大的系统保持一致时，创造力才有生根的土壤。尽管全球化在科技层面仍在高速发展，人类的集体意识却是其中较为薄弱的环节。我们仍然在进行无情的、自相残杀的冲突，人类的行为造成了生态环境的持续恶化。除非我们在生命体系中发展出全新的意识，否则将无法触碰到每个人内在真正的创造潜力。

量子科学为我们提供了重塑和提升意识的绝佳机会。衔接物理学和形而上学，新的意识科学代表了一种科学上的突破。近代以来，科学通过发现物质的本质取得了长足的进步；最核心的探索便是，物质是能量体。在这一启示的推动下，一个新的时代已经出现，它带来了一种新的意识，即物理学和形而上学是不可分割的，形而上学是物理学的本质。

西方的量子科学与东方的许多传统文化，特别是与中国古代文化有着奇特的相似性。有人可能会问，为什么我们要关注中国的传统文化智慧？答案是，中华文明不仅延续并传承了数千年，且中国是一个拥有 14 亿人口（接近全球人口的 20%）的大国。作为存世最古老和最长久的传统之一，中国的文化智慧值得我们深入探究。几千年来，中华文化以不可思议的完整性和一致性被保存传承至今，并持续为 21 世纪的政策制定提供参考意见。

在我们所处的这个时代，中国的崛起是毋庸置疑的。中国近年来的经济发展不亚于人类历史上的一个奇迹，且很快就会发展成为世界上最大的经济体。学习并了解这片土地上的人民及其制度，或许我们可以从其世界观和文化的演变开始。

西方量子科学和中国古代文化的共性并非巧合。毕竟，我们同享一个地球和同一个进化过程。这两种体系都把宇宙看作一张巨型的网。进化力量的动态运动源自宇宙内部，并不断向着一致性与和谐的状态发展。每一次抵达一致性的时刻，整个系统就开始转变，进化的周期就会重新开始，向着更复杂的状态进阶。

量子科学发现，所有物质都不过是振动中的能量团。换句话说，这个物理世界中所有形式的物质都是量子实体，是由能量形成的相干振动的集群。我们对这种现象的观察构成了对现实的投射。由观察产生的意识，则影响了我们对现实的感知。

这是一个不断扩张和收缩的运动，创造了一个螺旋般的几何形状，定义了宇宙的复杂性和整体性。一方面，宇宙正在高速扩张到无限的维度；另一方面，它也在坍缩到零维。每时每刻，宇宙永久地将自己校准为一致与和谐的状态。这就是量子科学和东方之"道"的共同进化原则。

量子科学的计算表明，在现有的 138 亿年的时间范围内，由偶然事件创造我们所认知的宇宙几乎是不可能的。相反，量子科学家们提出了一种叫做方向性信息的因素，它的功能就像一个全息吸引子，意为统计学上揭示的方向。这决定了宇宙在整体上是一致的，而不是随机的。它包含了所有的事物，并将所有的事物凝聚在同一个互联的领域，以防止解体。正是以这种方式，宇宙发展趋向于一致性而不是随机性。

发生这种情况的领域称为全息宇宙，是由我们对认知内的现实或自然的投射所创造的。全息吸引子是合一的状态，全息宇宙正在向这个状态转变。对人类来说，全息吸引子存在于本能和直觉的层面。每当全息宇宙抵达合一状态的时候，它就会在全息吸引子的牵引下，再次蜕变到下一个时刻，努力构建并达到下一个层次的一致性和合一状态。全息宇宙每投射一次，整个循环就会再次开始，创造出一个相互关联的宇宙，在这个宇宙中，一切都被量子纠缠所联系。量子科学家认为，纠缠是非局域性的，跨越了时间和空间的界限，因此，尽管日常看起来毫不相干，我们却生活在一个整体和深度关联的现实中。

在量子纠缠中，相连的粒子共享一个共同的、统一的量子状态。无论它们之间的距离如何，一个粒子的信息可以告诉我们另一个粒子的情况。这与佛教中的"缘起"概念相似。根据这一概念，各种现象共存并相互依赖。东方思想和佛教体系使用缘起、缘分、因缘和因果的概念，将量子纠缠扩展为一个相互依存的世界观。"缘"的力量通过时间和空间的延伸，来建立一致性的模式和空间。中国的"缘起"概念与大卫·博姆（David Bohm）的观点之间同样存在着深厚的连接，即万事万物背后都有一个更深层的、隐藏的、潜在的物理外观，即"隐含的秩序"。

这些概念描述了指导和引导我们运动的原始力量，在不同的时刻产生不断的振荡和校准。创造正是在这种舞动中发生的。鉴于万事万物的相互关联，一个运动不停取代另一个，如此循环往复地进行调整。

东方文化中有"无极"的概念，我们可以理解为量子场中创造的起源，量子场是一片储存所有信息的虚空。在中国的传统文化中，宇宙诞生于"无极"——终极虚空之中，而"道"的能量，亦即宇宙的自然脉动，从运动中创造了万物，是为"无极"到"太极"的过程。

当我们在生活中与"道"的进化动力保持一致时，生命将蓬勃发展。阴阳并非以对错来看待宇宙的运动，而是将其视为一种进化的周期，是"道"的一部分。当我们与"道"同步时，生命就会绽放无限可能。

这其中的内涵是，宇宙万物是相互联系的。《道德经》作为中国文化实践的基础学说之一，其核心原则描述了影响进化和创造过程的相互联系的力量——人是其中之一。

"故道大，天大，地大，人亦大。"

即使一切都在更广泛的进化过程中自然运动，人类也依然拥有自由意志，有能力选择与这些宏大进程的互动方式，并进一步影响和塑造创造力。当我们的选择与"道"保持一致时，一切都会如其所愿地流动和繁荣。如果缺失了这种一致性，混乱将取代秩序。而无论重拾秩序抑或创造更多的混乱，人类都参与其中并产生积极的影响。

一切都是相互关联的，像不同的彩线钩织起一幅华丽的织锦。当存在量子纠缠或相互依赖的起源时，我们可能很难理清其中的因果关系。英国生物学家、心理学家鲁珀特·谢尔德雷克（Rupert Sheldrake）关于形态场的研究表明，一个地方发生的事情可以同时影响世界上另一个完全不相关的地方的演变。宇宙的组织背后存在一个隐性模式，万物之间也存在着深刻的"纠缠"，即使我们不知道其确切轮廓。

在宗教文化中也可以观察到类似的动态，一个无所不在的"神"看着人们，决定一切存在的性质。西方文化认为，自然界中似乎有一个非物质但有效的因素在起作用，这唤起了人们对精神和宗教教义中"神"的思考，他们将其视为神圣矩阵、宇宙基础、阿卡西记录，或者仅仅是"源头"。东西方神秘主义、宗教和哲学传统之间的这些相互联系为我们提供了一种共同点，一种共同语言，在这种语言体系中，不同文化可以相互交流并找到共鸣。

令人惊奇的是，量子科学与中国文化中的道家观念有着紧密的共鸣。它们对宇宙和生命的概念有着惊人的相似之处。差异或许在于量子科学是人类文明历史上的最新发展，而中国文化已经存在了五千多年，其深厚的智慧宝库中存在一个久经考验的生活框架。

量子科学和中国传统文化的诸多相似之处为文化与科学、传统与现代之间建立共生关系提供了机会。它们可以互相学习和重新定位。量子科学可以从中国传统文化的智慧中借鉴，使自己植根于生活艺术，而中国传统文化也可以通过意识科学获得现代意义。

新的量子范式是一座桥梁，是量子时代的特征，使不同世界观在对话与碰撞中找到共同的解释。无论这些世界观基于什么，量子范式都提供了一个日常的基础，人类可以通过它与彼此接洽交流。鉴于当前人类面临的可持续性挑战，以及信息和技术的获取变得更加扁平与透明，这种普遍的基础更加必要。

量子时代要求我们作为一个社区合作，团结一致，找出并解决我们的共同问题。当纠缠出现时，我们将如何应对？实际上，我们现在面临的所有全球化问题，都只是相互依存活动的结果。我们必须将每一次纠缠都视为一次进化的机会，选择正确应对困难的方法。这是人类的天赋所在。

时机已经成熟，时机就在此刻。当代现实中的所有战争、冲突、自然灾害和流行病，都是人类已经达到临界点的标志。古老的日历，如玛雅历，已经指出了宇宙在成长为更复杂、更统一、更和谐的过程中的加速运动。

希腊语中的"Kairos"所描述的关键时刻是一个所有事物都融为一体的时刻。在占星术的术语中，天体和星座的位置影响人类事件，并与人类行为相关——我们可以将这个时代称为"水瓶座时代"，它指的是一个为世界带来更多和谐和一致性的时期。或者，我们甚至可以称之为"第二个轴心时代"。第一个轴心时代是由卡尔·雅斯贝尔斯首先提出的一个术语，指的是一个关键时代，描述了从公元前8世纪到公元前3世纪的古代时期，在那个时期诞生了人类社会和文化的智慧、哲学和宗教系统。在那个时期，佛陀、孔子、老子、苏格拉底和耶稣的出现都是对当时破坏性冲突的回应。第一个轴心时代，换句话说，是另一个具有其自身量子纠缠的"Kairos"。

现代科学正在与意识科学融合，东西方的思想和宇宙观正在融合。从构成人体的数以万亿计的细胞开始——经过漫长的进化而组织和完善——人类正在演变成一个新的实体，一个由集体意识构成的社会生态系统。人类正在经历一场蜕变，其庞大系统的所有部分都在学习让彼此顺畅地交流。

所有这些不同的框架、宇宙观和趋势都体现了同样的真理。它们正在帮助我们意识到，现在是人类新的共同世界观出现的时候了。由于技术的突飞猛进，近年来，我们目睹了全球化和万物互联的加速。我们正在走向另一个关键时代。事实上，这个关键时代的出现取决于人类的决策和行动选择。有了一个共同的世界观，我们将有能力塑造第二个轴心时代。

所有系统必须集成和协调，以保证所有生命的健康和一致性发展。就像毛毛虫把它的身体溶解成液体，人类文明也必将经历解体，才能化茧成蝶，美丽、优雅地自在飞舞。就像自然界的任何过程一样，这种转变将是痛苦和困难的，但如果我们要为自己建立一个新的未来，最终是必要的。这个时代的出现代表人们觉察到自己的内在使命，这是一个对"存在"不断探索、回顾、发展并找寻答案的时代。

我们的变革理论

我们的变革理论诞生于量子科学和古代智慧的交汇处，特别是贯穿物理学和形而上学、过去和现在、科学和文化、时间和空间的中国智慧。大多数其他的变革理论都关注于投射的表象，就像在墙上闪现的短暂影像一样。我们的变革理论寻求深入探究事物的真实本质，寻找那些"影像"的源头和其背后的"投影机"。变革来自意识由内而外的转变：改变自己，周围的一切也会随之改变。

这种"变革理论"基于人类提升意识能力的过程，构成了我们的信念、欲望和行动背后的世界观，这反过来又影响了我们在这个世界上的文化和系统组织，如经济、政治、社会、技术或环境，这些系统紧密相连。提升意识将推动新时代的到来，并最终创造新的善经济体系。这建立在这样一个假设的基础上，即人类意识的转变将促成系统性的变革。

变革理论最终基于我们对人类意识的理解——并遵循以下看似独立却相互连接的原则：

● 一切都是一个相互关联的整体系统。

● 从一刻到另一刻，一切都在朝向和谐一致的方向不断进化和校准。

● 进化是推动新的更复杂的生命系统的能量。

● 挑战指引着我们的进化。

● 问题是觉醒的灯塔，指向这个现实世界。

● 我们在自我探寻之旅中实现意识的进化。

现有全球系统、结构、文化和信仰的改变，都基于一个共同的世界观，因此，理解变革理论就变得十分重要。有了这个共同基础，新的意识将使我们能够共同努力应对共同的挑战。经济、政治、社会、技术和环境系统是不可分割的——一个系统的转变会促使其他所有系统的转变，以寻求新的一致性与和谐。像 ESG 标准和影响力投资这样的实践将重新定义资本，并在善经济时代重新探索治理的意义。财富的定义将被拓展，财富本身也将被重新分配，以使所有人受益。在这个新时代，企业将成为连接非营利组织、慈善事业和政府的桥梁，并推动主人翁精神的发展。

精神和意识的转变将影响并改变我们对物质的欲望。对整个体系的爱将成为经济的主要驱动力，以推动善经济的实现。我们已经超越了一个追求物质和生存的年代，并逐步进化到创造生命的阶段，寻找存在的意义和生命的目的所在。我们正在朝向为生命增值并表达爱的一致化旅程进化。在这里，生命将收获全面的繁荣和绽放。

我们将通过改变意识、创造、合作并与整体的能量保持一致来抵达我们想要的终点。

人类的真正本质是爱，我们的真正目的是进化。有了爱，才能真正与更大的系统融为一体，增加整体向善的价值。毕竟，进化和维持我们与整体的一致性是人类存在的目的和意义。改变自己，周围的一切都会改变。

进化到新系统时经历的混沌

人类正站在一个重要的时代转折点上。工业化带来了机器化的生产效率和生产能力的建立。如今，许多人享受着人类超越野蛮生存和进入富裕时代所带来的极度丰盛的物质创造。然而，在另一方面，新的挑战和混沌也正在出现。

我们需要正确认知所面临的挑战，才能真正超越它们。人类的觉醒是进化过程的重要组成部分，这是能量的自然、持续和不断地运动。中国人称之为"阴阳"，而现代科学则称之为宇宙每时每刻向着一致与和谐校准。这些能量的运动围绕着我们，在确切的时间和地点，从我们的内在散发出来。就自然进程而言，一切都是自然而然的，因此混沌是进化和创造新生命系统的一封邀请函。诚然，人类可以选择对这些挑战的回应，并建立新的联系，将混沌转化为一致和谐。我们的选择将决定如何为这个进化过程增加价值。

人类今天的世界观长期受到工业化的影响，建立在牛顿科学二元范式的基础上。在过去250年的工业化进程中，社会分化出现，不平等加剧，整个系统分崩离析。如今，随着人权运动和全球化的发展，这种裂痕变得更加明显。世界各地的人们正在觉醒，对这些日益加剧的不平等不再逆来顺受。冲突不仅在国家之间加剧，不公平也影响着我们的家庭生活和每个人内心的和平——焦虑和压力无处不在。这些挑战主要是意识危机的结果。人类已经丢失了其存在的目的和意义。

财富的日益增长也转化为我们与自然界关系的日益疏离。在人类历史的早期阶段，我们更加接近我们所生存的环境。然而在当今时代，人类为了经济增长和财富积累而不顾一切地牺牲了自然。我们忘记了我们所有人都生活在同一个星球上，我们只有一个世界可以彼此分享。

今天我们所面对的混乱是人类选择的结果。我们已经干扰了自然的进化过程，以至于我们不得不面临可持续性的挑战和危机。气候变化笼罩着我们，财富的不平等将彼此分离，冲突的火花可能会变异成战争，而大流行病很可能会让社会结构的崩溃变得更加频繁和严重。这些挑战在未来的几年和几十年里只会加速和加剧，使和平与和谐几乎不复存在。

此外，两个重大事件进一步动摇了本已混乱的世界。这是觉醒和意识转变的转折点，是宇宙中更大的进化能量推动这个时代系统性变革不断加速的信号。第一件事是中国作为全球系统的重要参与者的崛起，中国的参与者规模多达 14 亿人，约占全球人口的 20%。中国的崛起也带来了一种比世界上任何地方都更具集体主义色彩的文化。这种集体主义更多强调整体的利益。由于中国庞大的规模和独特的文化特色，这种方式有时会让西方世界感到陌生却又充满好奇。

第二个事件是席卷全球的 COVID - 19 大流行。它扰乱了生活的自然节奏，迫使一个曾经忙碌的世界按下了暂停键。在慢下来的时间里，许多人开始反思。我们质疑自己存在的目的，重新考虑在一个困境重重的世界中的选择。疫情期间，一些必要的隔离措施为我们提供了练习冥想和回归内心的机会。具有讽刺意味的是，这个看似困难的时期却同时产生了积极的影响，使我们能够达到前所未有的、更高层次的意识状态，以开启更大的智慧。

这些对系统和组织的干扰和波动，如果不加控制，可能会导致人类的自我毁灭。在我们的历史中，人类已经成功地从一个时代发展到另一个时代，这一次也不例外。我们将寻找新的发展和维系自我成长的方式，因为我们需要的不外乎一个共同的基础和一种能够团结人类的共同语言。

我们正逐渐认识到"越多越好"的格言不再绝对正确。世界正在觉醒，人们开始认识到有时候更多并不一定意味着更好，相反，做减法可能更行之有效。疫情加强了所有人反思我们所面临的可持续性挑战的紧迫性，反思我们如何走到这里，并开始照见一个团结所有人的世界观的需要。

整个世界也开始重新审视企业在构建人类未来中可以扮演的角色。由于企业是为满足人类欲望而部署资源的最高效机构——驱动经济活动的因素——企业转型将成为构建善经济体系的核心参与者。显然，随着工业化的进一步发展，经济已经从由消费需求驱动转变为由营销手段驱动。因此，今天的企业优先考虑增长，将财务回报作为其终极的目标。正是这种思维方式带来了当前的可持续性挑战。

市场经济旨在利用人类的贪婪无知，以及膨胀的自我和欲望来获取利润。随着技术让信息更加扁平化，更容易被大众获得和使用，人们开始质疑企业获取利润的手段和来源。商业实践和其建立的基础现在正经受审视。市场总是更为灵敏的，ESG 标准以及影响力投资在资本配置方面越来越受到重视，并开始成为推动经济发展的焦点。

虽然工业时代的生产系统为人类提供了优越的服务，但技术高速发展带来的更加复杂的生产力已经进入了一条独立的轨道，这种生产系统不再符合其最初为人类服务的目的，导致了一个区分消费阶层、使人们彼此分离而非团结的"富裕时代"。

就像经济和商业相互交织一样，政府和政治也共享一种共生关系——研究一个不能不考虑另一个。政治可以追溯到其古希腊词源"城市事务"，指组织决策活动以巩固在一群人中的权力。政府被设立为行使权力并满足这种需求的机构。在古代中国，这些价值观和原则体现在"父母官"的组织基础中，是对县官及其权力管辖的非正式称谓。将官员与父母形象进行比较，说明他们被视为同时具有纪律和爱的体现。

如今我们所经历的混乱和可持续性挑战，都是全球系统不协调的标志。商业和经济、政府和政治的角色和目的需要重新审视和重新设计，以服务于人类整体的福祉。科技的进步本应使我们能够通过建立新的物理和虚拟联系来应对全球化，但却带来了种种破坏而非机遇。全球化未能推动全球一体化的进化能量，反而将不协调升级为可持续性挑战。

在选择应对这种混乱的方式上，我们需要的是意识提升和集体的智慧。我们的所作所为影响的不仅仅是我们的世界，更是整个宇宙。尽管我们拥有选择应对方式的权力，但真正需要的是智慧，来帮助我们过渡到一个新的幸福时代。在当今看似无休止的动荡中，我们可以观察到经济、政治、社会和新兴技术领域的许多变化和进化趋势。我们有希望改善这个世界，需要赶上这场全球觉醒的浪潮，建设人类共同的未来。

觉醒于人类的进化能量

一场规模空前的觉醒正在我们自身以及不同文化、地域、全球等各个层面上发生。人们对新时代的构想将是所有系统为下一个进化水平进行系统重构的时期。人类的生物社会系统正在不断重构自身，以响应时代变化的需求和要求。

正如前文已经说过的，这种系统性、自组织的重构起源于日益扩大的社会差距，这些差距导致了冲突。这在富贫差距越来越大的现实中体现得最为明显。财富和权力集中在少数精英手中，而世界上大量的人口无法获得基本的食物、水、住房、教育和医疗等需求。市场经济的目标被追求最大化消费和利润所取代，而这是以社会利益为代价的。我们已经觉察到财富再分配系统中的不连贯性。财富的定义超越了金融术语，包括资源、资本和其他机会的可获得性，从本质上重新定义了创造的自由。

根据美国政策研究所（Inequality.org）的数据，虽然普通人在COVID-19疫情期间遭受了经济损失，但亿万富翁们的财富却在不断增长。瑞士信贷全球财富数据手册显示，2021年全球最富有的1%人群拥有全球 46％的财富，12％的人群拥有全球 85％的财富。贫富差距在许多层面上不断扩大。乐施会（Oxfam）报告称，2018 年总共有 26 名亿万富翁（相比之下，2009 年有 380 人）拥有的财富与 38 亿最贫穷人口的财富相当。贫富的巨大悬殊也导致了资源分配上的巨大不平等。

贫富悬殊也是地缘政治不稳定和国家权力不平衡的主要原因，导致冲突加剧并威胁人类的存在。当世界失衡，并且基本资源的可及性不一致时，分歧很容易升级为冲突和战争。当政府和商业机构被自身利益捆绑，拒绝承认世界上正在发生的真相时，他们最终无法做出必要的调整来维系世界的和平与和谐。

当然，冲突和战争在人类历史上并不陌生。20 世纪的世界大战，以及重大的流行病和瘟疫削减了大量人口。长期以来酝酿的底层不满一次又一次地被压制。然而，深埋于表面下的，沿着文化、宗教和种族的界线分隔我们的裂痕，却只有加深而没有减少。

这些裂痕在我们这个时代似乎已经到达了临界点。可以感觉到明显的颤动正在大地上裂开，因为全球各地的人们都在寻求让自己的声音被听到。跨越身份轴线的不平等，包括种族、性别、宗教、阶级和性取向，这些显而易见的裂缝和裂痕正在对系统的完整性造成前所未有的压力。

在 COVID-19 疫情导致的糟糕局面中，人们对这些裂痕的认识加速了。无论是财富和贫困问题还是宗教、种族、肤色、性别和价值观不同造成的裂痕。少数族群和边缘群体的声音被日渐放大。如果这些裂痕继续扩大，我们面临的挑战和分歧会变得更加严重，压力加剧，最终导致无止境的混乱和动荡。

财富重新分配的严重性直指资本市场的问题。参与资本市场的人能够优先从金融、营销平台、媒体渠道和其他信息中受益。因此，赌博经济应运而生。这是以其他人暴露在赌博的不稳定性中为代价的——从投机和操纵中产生的繁荣和萧条周期。

人类对自由的追求也是进化能量的另一个来源。与当今的冲突和战争并行的是，我们对自由、民主和人权的讨论日益频繁。联合国所定义的一项基本人权是自由权，即以个人认为适合的方式过自己的生活，而不侵犯他人的权利。

自由是一个复杂的理念。有时，个人的自由会以集体的福祉为代价。民众和政府都知道必须设立边界和自我管理。我们所有人都在某种程度上经历了这个问题，特别是在大流行期间。当旨在保护整体福祉的政策被个人视为压制并限制了他们的自由时，冲突就会产生。通常情况下，对于什么是对或错，涉及不同的世界观和文化差异。

作为人类，我们通常感到自己可以创造无限的可能性。随着全球化的出现，物质世界中的自由限制已经被最小化。我们比以往任何时候都更具流动性，可以相对轻松地环游世界。然而，人们也由于需要做出选择而倍感压力和束缚。

动植物天生便能够与其环境协调一致，与之不同的是，人类由于有自由选择的权力，无法像动植物一样与环境自然产生共鸣。因此，我们必须清醒认识到自己在更广泛的生态系统中的位置，了解我们应该如何在整体系统内相互作用。

在人类社会、自然世界和更广阔的宇宙中，所有事物都指向广泛的范式转变，以实现一致、和谐和统一。当所有系统合并为一，为整体服务时，这将开创一个幸福的新时代。有量子范式的赋能，人类技术正以指数级别的速度不断发展。技术将成为构建人类共同点的关键，使我们有能力跨越文化、宗教和种族的差异。

新技术正在改变我们的生活方式，决定我们如何完成任务以及在何处完成这些任务，这是对社会系统复杂性不断增加的回应而展开的另一种进化能量。尽管我们有工业化和牛顿科学为当前的富裕生活提供支撑，机器的生产力和能力已经超越了早期的范式，以惊人的速度运作。无与伦比的机械化替代了许多人类曾经履行的职能，对我们的福祉造成了巨大的压力。人类开始意识到，我们正在陷入与我们所创造的机器之间的竞争。

创新正模糊曾经区分生物和数字系统的界限。今天，机器和新技术给我们带来了智能手机、无线接入、3D打印产品和机器人，它们已经无缝地融入到我们的生活方式中。人工智能正在增强人类与机器的交互能力。新发明使得以前不可思议的事情成为了可能，包括无人驾驶汽车和打印医疗假肢的惊人技术。

随着这些技术的不断发展，人类将被解放出来，不再需要机械化的任务，那么我们会用这些时间做什么？这种自由带来了什么可能性？现在的我们，真正有能力创造一个超越生存和追求美好生活的文明，并以更高的目的为基础。

当人类不再被标准化和追求效率束缚时，我们重新获得了重建工作、生活和休闲领域之间关系的能力。这些分离的领域从工业化时代开始，就脱离了原本的集体精神，现在它们已经变异，已经威胁到了所有生命的可持续性。它们不再适合一个整体，我们人生的目的被误导为只关注个人利益而忽略了整个集体。我们的伦理观被狭窄化，只关注个人福祉而对整体产生了负面影响。自我中心主义显然不能为我们提供可持续的前进道路。随着新时代的到来，这种自我中心主义必须转变为集体关爱的优先考虑。

我们正在觉醒，意识到自己是更大系统中的一部分，而非孤立的、与他人和环境脱节的存在。我们正在觉醒，认识到人类的需求，最终认识到我们在当前生命中的角色、责任和目的。这是在寻求新的结构和定义，让人类进入一个新的时代，实现一体化、幸福和快乐的过程中的自然进化。这是为了应对长期以来的单独、原子化的生活所面临的新挑战。我们能够，也必须抓住这个机会。

我们有幸目睹人类觉醒至一种新的现实。如果我们接受这个现实，便将参与带来新的凝聚力、爱和自由的变革，共同构建一个未来，而所有人都在其中有一席之地。

觉醒于新系统的迹象

权力机构，如政府和企业，正面临着由下而上的呼声，现有体系面临更多挑战。之前为人类服务的牛顿式体系已无法在今天的现实面前保持其相关性，因此迫切需要一次转型。我们已经到达了一个转折点，必须立即行动，依靠更一致、统一、和谐的理念开始进化。许多迹象证明这些系统性的变化正在发生。

所有生命都有一个共同的目的：进化和自我维系。这在人类进化的历史中一再被证明。"全球化"是一个术语，在不同的时间和场合中有不同的含义。最初，它被用于解释人类从非洲迁徙到世界其他地方的过程。今天，牛津词典将全球化定义为"企业或其他组织开发国际影响力或开始在国际范围内运营的过程"。

全球化是一股进化的能量，是一个以国际经济联系为主，带有文化和政治一体化因素的统一力量。它是整合前几个工业化时代的不同体系的通道。在它诞生之初，全球化只是一个旨在推动国际化贸易、促进商品和服务交换、构建文化和信仰融合的经济概念。如今，随着国际化打破空间界限，旅行和交流变得更加便捷，全球化代表了最大的全球一体化觉醒。

全球化也催生了一种平衡化的过程，其中经济模式自然地根据生产和消费中的供需做出调整。它有潜力成为整合所有现有世界观和体系的关键点。这一运动为人类可持续性挑战提供了解决方案的平台。它正在重新定义经济学，将其作为一种文化和世界观的转变，步入幸福时代。

全球化的进程与进化的能量密切相关，因为世界不断重构自身，形成更为复杂和更为融合的结构。随着世界觉醒至生命的最终目的——走向一体化进程，协调和合作是建立新的全球化现实的自然行动。除了这些转变，新的科学和经济发展所带来的补充进化能量也在加速和增强全球化的影响力。

此外，在经济、政治、社会和技术等领域，量子领导力的兴起也明显地引发了一场进化性的变革。我们可以选择参与量子领导力的运动，立即行动并创造我们的一体化范式，使世界的系统朝着临界点前进。那些没有在这个过程中发挥领导作用的人可能会在转型浪潮中跟随他人的脚步，适应新的量子范式。我们是否想要走在前沿，开创新的道路，还是踩着别人的脚印，这是我们需要决定的事情。

因此，这种转变是一次地震级的转变，正在跨越不同社会和文化背景的多个层面上进行。由于其规模之大，人们可能会感到混乱，但这种混乱同时也可以成为联系和团结的力量。总体来说，广泛的整体性的觉醒迹象可以在三个不同的系统中观察到：人群、商业机构和政治机构。

人类意识的觉醒

当前的社会范式规定我们必须过着高效率的生活。教育系统旨在培训我们成为高效率和有生产力的公民，以完善我们在工业流程中的能力。几乎所有的事情都是以生产力为考量标准，但是到了一天的结束，我们依然渴望探寻生命的意义。我们希望成为有重大影响力和为社会繁荣做出积极贡献的人，被人们缅怀和怀念。

这个系统不断塑造我们，从而让工业化时代蓬勃发展，其中价值的主要指标是效率和生产力。以前，劳动力根据其生产力收到奖励和酬劳，因为大多数人被降格为机器，而创造力则集中在生产链顶端的少数人手中。

在工作中，对速度和准确性的需求不断增加，加剧了压力和精神负担。然而，我们陷入这些无尽的劳动循环中，逐渐意识到这些压力对生活的不可持续性。即使我们赚更多钱，变得更富裕，却依然感到疲惫和不满足。我们明显感到某些重要的东西缺失了，一种困扰我们的感觉，即在物质的丰富之上存在着一种深刻的内在空虚感。

由于对工作和财富的痴迷，我们忽视了与自己、所爱的人、社区，以及也许更重要的自然世界之间的关系和其间的伦理道德。人类本质上是社交生物，但我们建构的环境讽刺地剥夺了我们接触自己真正本性的机会。今天不断升级的混乱和对注意力的要求，使我们离关系和联系的可能性越来越远。尽管生活在拥挤的城市中央，但许多人仍然感到深深的孤独和疏离感。

工作作为一个日益专业化和自主的领域，在我们日常生活的常态中，已经大多与追求娱乐休闲分离开来。而在人类早期的进化阶段，工作和娱乐曾经是一体的。我们不再理解工作日之外的兴趣和日常生活习惯与工作有什么关联。像存在的目的这样重要的问题，已经被我们所陷入的日复一日的例行公事所掩盖和遗忘。对于大多数人来说，很难在生活中找到目的或工作的意义。

人类今天必须面对的另一个挑战是先进的技术发展。人工智能和机器人技术已经发展到了如此之高的水平，它们正在改变我们生活的方方面面，从工作和交通到医疗保健和教育。机器人和机械不断提高的复杂性已经取代了人类的体力劳动，这理所当然地引发了广泛的担忧，即失业和生计的丧失。压力这个词作为一个描述不安定状态的通用术语，早已是今天使用最频繁的词汇之一。当我们感到压力时，最糟糕的担忧变成了现实，情绪决定了行动，身体受到了压力的影响。然而，压力已经被常态化了，我们已经学会了接受它作为生活中不可避免的一部分。

我们总是不断迎接挑战。观察新兴企业的趋势和模式将使我们能够连接到这些挑战背后的潜在需求。近年来，意识觉醒的一种表现形式是健康产业的大量涌现。2019 年，全球健康产业价值 4.9 万亿美元。虽然在 2020 年疫情期间下降到 4.4 万亿美元，但全球健康研究所预测，健康产业将很快恢复其强劲增长势头，年平均增长率为 9.9％，到 2025 年，健康产业将达到近 7 万亿美元的市值。

生活中的压力迫使我们反思焦虑，并寻找生命的更深层意义。越来越多的人感到有必要走向内心，与他们的灵魂建立连接，并愿意在这方面大手笔地投资。冥想、瑜伽和正念等实践已经变得司空见惯，成为市场经济中的热门商品。对健康的渴求和需求的增强是觉醒于新幸福时代的主要迹象。我们正在找寻一条通往古老实践和信仰体系的幸福之路，但在混乱的现代社会中，还很难收获这种完整而全面的福祉。因此，东方和西方的哲学体系，无论是古代的还是现代的，都将被融合为一个共同的、统一的基础，每个人都可以从中汲取智慧。

一种新的趋势已经出现，尤其是在富裕阶层。长期的静修营和新度假模式已经变得越来越普遍，甚至成了日常。人们将休假时间延长至长周末甚至更久，以便花更多的时间保持宁静和深度自我联系。在走向内心的过程中，我们觉醒为整体的一部分，这个过程在我们身上引发了一个认知：人类迫切需要协作、包容和整体主义。我们必须将自我置于更大的我们之中，为生命增值。

在当前时代，我们发现了一种对自然的深层渴望，深入灵魂和头脑探索内在自我的复杂角落——超越了单纯的身体放松。当外在现实看起来如此令人不满且充满迷茫时，我们不得不选择向内看，以不同的方式重新认识世界。放松和正念正在以获取这种统一和和谐状态的手段而变得越来越流行。我们将能够像孩子一样看待世界，将其视为一个充满欢乐、惊奇和神秘的地方，唤起内在潜藏的好奇心和敬畏之心。

除了大健康行业之外，觉醒的另一种表现是对变革理论的拥抱。意识是近年来最常用的流行语之一，融入了包括领导力、教育、商业、治疗和精神在内的不同领域。新的领导力和组织进化模型逐渐引入商学院，例如美国凯斯西储大学和乔治·华盛顿大学提供的模型。

越来越多的自组织社群应运而生，以满足人们对新变革理论的需求和渴望，其中包括诸如思维科学研究所（IONS）、新兴全球意识研究所、拉兹洛新范式研究所和心数研究所（Heartmath）等机构。所有这些组织都致力于打破知识学科之间的界限，转变现有的教育和领导实践，并鼓励人类意识的扩展。

综合看来，大健康产业的兴起和参与新变革理论是人类意识进化的迹象。我们共同迈入了一个新的协作和共存的社会秩序，以建立一个团结所有人的共同基础。这些迹象向我们表明，爱和自由可以成为人类应对今天所面临的威胁和挑战的解决方案。我们开始考虑，通过凝聚力、和谐和统一，人类将能够以有意义和有效的方式应对这些挑战。

当我们理解到每个个体为整体服务，以实现整体系统的和谐和协调，从而实现所有人的福祉时，当我们认识到我们自己也是系统本身时，人类的觉醒就会出现。在每个时刻，我们都在构建人类作为一个符合自然大系统的生物社会系统。爱与慈悲处于生物学和社会交叉点上，是每个人天生具有的一种天赋，也是随着时间的推移可以学习和完善的一种技能。

希望我们中那些选择开始内在之旅的人能够开始觉察，关注大局，并参与引领人类向新时代的过渡。我们将意识到合作对解决可持续性挑战的必要性，利用全球化作为团结自己的机会，利用技术的不断发展来增强我们的福祉。简单来说，所有挑战的答案掌握在我们自己手中。

古代的文献中包含着智慧和整体实践，提供了让我们追求一体化的学习旅程。在这场人生旅途中，我们可以选择许多不同的路线，但唯有内在之旅才能帮助我们理解自己，而许多新的可能性将陆续涌现。我们将意识到，此刻人类需要采取行动并转向一个新的幸福时代。

还有其他一些根本性的问题。例如，信仰将如何影响我们的未来？不同的政治制度将如何发挥作用？技术在这一演变中将扮演什么角色？这些问题必须通过整体而协调的理解来解决，这种理解体现在对经济、政治、宗教和社会系统之间深刻交织以及技术在各个领域中的普及性的认识上。历史告诉我们人类是如何一步一步走到今天的。现在，我们需要了解在这一进化之旅中必须放弃什么，我们想要带来什么，以及我们必须创造什么。

意识驱动着人类的世界观并塑造了我们的文化和欲望。欲望推动经济，经济又推动社会、政治和技术的变革。这是一个整体性的变化纽带，而支撑它的最终驱动力是意识。

为了向前发展，我们需要对选择及其对每个系统的角色和行动的影响负责。政府和政治机构必须将权力和控制力用于促进社会繁荣。企业必须对其在制造可持续性挑战中的角色负责。人类必须承认并超越其贪婪、恐惧和以自我为中心的特质，以体现出主人翁精神的责任感。停留在当前的意识水平，加上错误的决策，只会进一步危及人类、环境和自然界，我们已经走到了危险的边缘。

我们在不同的社会、政治和环境领域所做的决策、采取的行动和产生的影响，导致了今天所面临的巨大挑战。它的根源在于一种意识危机，这是智慧和伦理道德最重要的资源。最重要的是，意识将使人类有智慧地行使我们的权力、利用我们的资源。

最终，生命是一个不断觉醒到无限可能的旅程。通过这场内在旅程，我们将发现真正的本性和存在的目的是创造并为生命增值。人类的意识水平决定了可能性的维度。我们能够想象什么，以及我们的世界观限制了什么？这将进一步指导我们的欲望和行动。最终，我们从来不是进化过程的被动观察者；我们所做的每一个决定都是来自更大的整体。

商业机构的觉醒

今天我们所知的经济学基础是由苏格兰哲学家和经济学家亚当·斯密在 1776 年出版的经典著作《国富论》所奠定的。与 18 世纪的其他思想家一样，亚当·斯密强调自由贸易的概念和贸易商品增长的必要性。他阐述了"看不见的手"的理论——自由市场内部和政府商业中流动的能量。

自那时以来,资本主义的故事涵盖了金融和公司法律方面的无数发明和发展,以及大规模的工业化。随着生产能力的扩大和效率的提高,人们从农场搬到了工厂,从乡村搬到了城市,创造了一种新的生活方式。企业家有权自由生产商品和提供服务,同时追求利润最大化和资产价值,这是那个时代经济的基础。

自然而然,人们都渴望自由。企业希望政府别打扰自己,认为政府只会干扰和干涉自己的自由。他们似乎在说:"让我做我想做的事情,直到我需要你的帮助。"附带条款是:"如果事情出了问题,我会指责你。"

接着出现了德国思想家、政治学家、哲学家卡尔·马克思,他是下一本最具影响力的经济学著作的作者。这本书最初是以德语在1863年出版的,后来被翻译成英文版《资本论》。与亚当·斯密不同的是,马克思强调了集体利益而非自我利益,这是社会主义和共产主义体系的基础理念。亚当·斯密的理念导致了个人自主作出决策的自由市场经济,而马克思则提出了中央控制的计划经济。实际上,这两种体系都是西方领导的全球实践。然而,它们的概念并没有以其纯粹、原始的形式被实践。相反,当掌权者有选择地排除不符合其经济模型的元素时,混合体系就会出现,也导致了一连串的可持续性挑战。

亚当·斯密和卡尔·马克思的理论对今天世界体系的构建做出了重要贡献。他们主张的"主义",即资本主义和共产主义,都以其独特的方式影响着资本的配置和经济的表现。在全球范围内,这两种体系的其中一种或混合形式被采用,我们在现代社会都非常熟悉。

世界在向全球一体化迈进。随着消费主义的加剧,"主义"继续占据主导地位。然而，西方领导的体系正逐渐受到社会主义市场经济的挑战。东方模式提供了一种替代性的体系，其中传统文化和集体主义是焦点。这是一个值得理解的参考点，因为它在中国似乎行之有效。

有多种方式可以分析经济学，但总体而言，在当前的时代，经济学家普遍发挥了负面的作用，因为他们宣扬了增长至上的核心理念。这里并非要排斥经济学家，相反，经济学家对于这场讨论是至关重要的。我们需要具体的想法来改变人类的方向，世界经济体系的运作必须得到认真考虑。如果不改变我们对经济学的看法，那么就不可能进行重构。经济作为人类欲望的引擎，驱动着其他一切，包括政府政策和社会变革。相反的，改变我们的世界观将使新的经济范式融入所有事物。

人类发展的进程没有正确的速度，经济发展的进程也没有正确的速度。快或慢都不重要，重要的是我们对经济发展概念的理解。当前世界上的体系本身必须得到重构，而这种重构正在逐渐展开。鉴于商业机构主要负责推动我们走到今天这一步，它们也最有可能使我们走出当前困境。

然而，一些有希望的发展迹象表明，商业机构正在觉醒到以人的福祉为中心的经济模式，开始质疑并认真审视生意背后的伦理道德。研究表明，如今的企业可持续性已不如过去。麦肯锡公司在 2014 年进行的一项研究发现，1958 年公司的平均寿命为 61 年，而今天这个数字已不到 18 年。该研究还推测，目前在标准普尔 500 指数上市的公司中，有 65％将在 2027 年之前消失。

因此，已经觉醒的商业机构意识到有必要进行一些有关其可持续性的思考。近年来，我们还看到了"自觉资本主义"的传播，这是由

《觉醒领导力》作者、全食超市创始人约翰·麦基和巴布森学院全球商务特聘教授拉杰·西索迪亚于 2008 年创造的一个术语，用于描述在全体利益相关者（而非只有股东受益）的利益基础上运营的社会责任企业活动。

这种自我反思和重新定义商业机构的趋势已经在 2019 年被商业圆桌会议的划时代宣言进一步加强。该会议由美国主要公司组成，声明商业企业必须服务于更广泛的利益相关者，而不仅仅是股东的利益。在那一年的 8 月，他们发布了一份声明，由 181 位首席执行官签署，承诺领导他们的公司为所有利益相关者——包括员工、供应商、客户和社区——谋求利益，以促进"服务于所有美国人的经济"。

商业圆桌会议的声明强调，经济应该使所有涉及方受益，给予每个人建立成功、有意义和富有创造性生活的机会。正如福特基金会总裁、商业圆桌会议成员达伦·沃克所解释的那样，"21 世纪的企业专注于为所有利益相关者创造长期价值，解决我们面临的挑战至关重要，这将带来业务和社会的共同繁荣和可持续性"。

在商业圆桌会议的定义浪潮下，最近出现了新的企业绩效衡量指标和标准。在金融投资领域，已经建立了诸如 ESG 标准、影响力投资和共益企业（B Corp）认证等，以将道德维度引入市场经济、公司和企业治理中。这表明企业领袖们越来越意识到当前系统的不足之处。

经济学重新定义的趋势多年来已经显而易见。联合国在 2012 年提出了将福祉和幸福视为新的经济范式的呼吁。这促成了 2015 年的重要可持续发展里程碑《可持续发展议程 2030》，该议程制定了 17 个旨在在经济活动、社会和环境中创建可持续发展的目标。这些目标包括无贫穷、零饥饿、良好福祉与健康、优质教育、性别平等、清洁饮水和卫生设施、经济适用的清洁能源、体面工作和经济增长、产业、创新和基础设施、减少不平等、可持续城市和社区、负责任消费和生产、气候行动、水下生物、陆地生物、和平、正义与强大机构、促进目标实现的伙伴关系等，确保我们可以拥有一个"所有人都能享受繁荣和充实的生活，经济、社会和技术进步与自然和谐共存"的世界。最后一个目标是"促进目标实现的伙伴关系"，这是至关重要的。如果没有所有国家和各方的合作，其他任何目标都将无法实现。只有通过全球统一的合作伙伴关系，才能形成达成这些目标所需要的共同意识。这是我们繁荣未来的希望所在。

这些措施都是针对人类今天面临的可持续性挑战的核心的，即我们如何产生积极的影响，为所有人创造更美好的明天。围绕资本设立治理措施是为了通过道德约束来获得资本，使资本的使用更加向善。在实际层面上，这些措施进一步揭示了自然环境必须成为企业实践的基础这一不断增强的意识。没有我们的星球，就没有这个市场；没有市场，任何商业都不会成功。

ESG 标准特别值得一提。它在企业家们设计"三重底线"（Triple Bottom Line，简称 TBL）框架以衡量可持续性时变得越来越重要。"三重底线"超越了传统的利润指标，包括环境和社会考虑因素。它看到了"3P"即人民、地球和利润（People，Planet，Profit）是相互交织的。在更远的未来，"三重底线"将为现今支撑大多数可持续业务的 ESG 标准因素铺平道路。事实上，ESG 标准的影响力正在不断增强；特别是在 2021 年联合国气候变化大会（COP26）后，它获得了长期的支持。

如今，三分之二的交易者已将 ESG 标准和可持续性考虑因素视为市场活动的关键驱动因素，这是因为受到了私营部门的压力和监管监督的强化等因素的影响。展望未来，我们可以预计这些新的测量标准将主导市场经济的业务主流。

此外，商业机构觉醒的另一个迹象是非营利组织在全球范围内的蓬勃发展。针对社会差距，非营利组织承担了自己的目标，致力于产生影响，推动变革，并提升可持续发展的管理技能，这被称为影响力投资。

在道德经济中，非营利组织和慈善事业扮演着重要的角色。非营利经济已经有了显著的发展。在过去的五十年里，它向着更加高效的方向发展了。非营利组织的可持续性越来越受到重视。越来越多的非营利组织像企业一样运营，并采用社会企业模式以自我维持。

但是，非营利经济如何成了今天的模样呢？"慈善"（philanthropy）一词来自希腊语"philanthropia"，意味着"对人类的爱"。我们今天所知的慈善事业具有许多古老的信仰体系根源。中国古代思想强调仁爱的重要性，古希腊人也认为慈善事业是民主的基础。

安德鲁·卡内基（Andrew Carnegie）是美国钢铁公司创始人，也是 19 世纪社会政治动荡时期现代慈善事业发展中的关键人物。1889年，他发表了《财富的福音》，呼吁当时的百万富翁将他们的财富用于公共福利。1914 年，在"一战"爆发之际，他创立了卡内基伦理与国际事务委员会，以促进道德领导，寻找武装冲突的替代方案。退休后，卡内基利用自己的财富建立了许多学院和学术协会。他资助了美国各地共 1679 个公共图书馆以及许多非营利组织。他在一生中捐出了 3.5 亿美元的财富，留下了 3000 万美元用于促进世界和平事业。

在整个 20 世纪，国家的建立伴随着政府对社会福利的更多介入，从而重新定义了私人慈善事业的含义。越来越多的社区慈善组织支持社会中的弱势群体和少数派事业。这种慈善传统今天仍在延续。

"企业社会责任"（Corporate Social Responsibility，简称 CSR）的故事与慈善事业的故事密切相关，可以说其起源于安德鲁·卡内基的开创性工作。CSR 一词由霍华德·鲍温在他 1953 年的著作《商人的社会责任》中首次提出。他认为，企业对社会的实际影响是可量化的，因此企业有义务考虑人类的共同利益。

在这几十年中，CSR 的范围相对狭窄，仅包括人权、劳工权利、污染和废物管理。但随着 1990 年代全球化的加速，CSR 逐渐扩大了范围。像《京都议定书》这样的国际框架和协议，使全球各地的企业更加意识到他们的行动，对超出其直接社区范围的环境和整个地球的影响。

自 1990 年代以来，企业社会责任的不断增强促使商业圆桌会议于 2019 年 8 月重新定义了公司的目标，呼吁公司要为"全美国人民服务"。我们应该进一步认识到，企业必须为人类——我们共同的宇宙、地球和相互联系的命运服务。现在，企业正在更加长远地思考如何为人类创造更大的社会公益。至少，他们的一部分资本必须用来考虑这些事情。企业社会责任包括关注企业与其不同利益相关者之间的关系。术语"企业公民身份"强调的是公司或企业积极参与与其利益相关者对话的行动。

越来越多的企业和非营利组织声称承担了政府应该履行的任务和职责。在机构层面上，我们需要一个新的配置来协调企业、非营利组织和政府的不同角色。企业和非营利组织不能承担政府的所有职能。应鼓励这些利益相关者定期对话，以便新形式的合作可以产生。

这种新的配置代表了私人、社会和公共资本的融合点。资本在伦理上得到整合和管理，当需要时，将重新配置以产生影响。这种影响力投资模型代表了善经济的一种新形式的财富再分配。企业将继续在新经济中发挥重要作用，因为他们孕育创新，创造就业机会，提供重要的物质服务和商品，并促进整体经济增长。

研究表明，如果一个公司支持他们关心的一个问题，近 90％ 的消费者会购买其产品。对伦理关注的增加将重新引导资本和资源产生影响——这是商业机构觉醒的确定信号。有关影响力投资的进一步讨论，请参见本书第二部分。

政治体系的演化

在衡量经济增长和效率的矩阵之余，政府和政治实体也越来越多地依赖于衡量幸福和福祉的矩阵。

2012 年 4 月 2 日，联合国举办了关于"幸福和福祉：定义新的经济模式"的会议。会议由不丹主办，他们倡导用"国民幸福总值"（Gross National Happiness，简称 GNH）代替"国民生产总值"（Gross Domestic Product，简称 GDP）来衡量一个国家的发展。包括政治、政府、商业以及领先的学者、经济学家、宗教和精神领袖在内的 800 多人代表国家和国际组织参加了会议。与会者相信，这一转变提出了向福祉和幸福的新范式的转变，作为衡量一个国家财富的标准，也将有助于改变我们对自身的认识。

2012 年 7 月 12 日，联合国宣布 3 月 20 日为"国际幸福日"，强调通过比收入和财富积累更为复杂的因素来衡量幸福和福祉的重要性。不丹处于这一变革的最前沿。这个国家首先宣布用国民幸福总值作为精神成长和意识形态的矩阵，优先考虑非物质层面而非物质层面的因素。新西兰也采用"福祉"作为其经济表现的指标。

当前东西方之间的关系，常常被等同于"文明冲突"。这或许并非毫无裨益。有时，冲突和协调是相辅相成的。一个历史先例是第二次世界大战后的世界重组。在经济、政治和其他领域发生了许多形式的整合，为随后的国际体系铺平了道路，不同体系的优势和缺陷至今仍然存在。

然而，中国今天正在打破这一国际体系。一方面，这可以被解释为一种冲突；另一方面，它仅仅是对"无常"的提醒，因为创造和新生命都源自于变化，而唯有"变化"不变。如果一个人相信每个游戏都有赢家和输家，他就会为了成为赢家而牺牲他人。相反，如果一个人的世界观是以量子范式观念为前提的，即结果无法控制，是未知的，并且没有明确的赢家和输家，那么一种不同的应对方式就出现了。

大多数持有这种世界观的人会认为当今世界是混乱和动荡的。他们会认为紧张局势和差异正在加剧，整个体系似乎陷入了僵局。然而，历史告诉我们，人类总会找到出路；冲突通常会释放紧张情绪，也因此将人们凝聚在一起。第二次世界大战之后的婴儿潮一代和持续数十年的经济繁荣就是例证。

另一方面，全球化使我们的差异更加明显。全球化的结果是让信息更易获取，相互联系使我们不得不面对彼此的差异。全球化本身就伴有紧张局势，但当它被视为一种转型时，就转变成了进化的能量，激发了人们对一个新未来的期待，而今天的挑战也将得到解决。

新的生命意识、伦理意识和责任感

今天我们面临的个人、社会或全球问题的根源在于意识危机。如果没有恰当的自我意识和系统意识，任何追求都注定失败。我们可以转变自己的意识，视挑战为创造一个新未来的机会。通过改变视角，我们将选择不同的方式来实现不同的结果，获得一直追求的幸福。只有拥有更高层次的意识，才能看到我们与周围的一切相互关联，我们必须对自己的行为做出道德的选择。

今天我们面临三大困难：地球资源的可持续性问题，全球化带来的挑战以及技术进步对现状的干扰。重要的是要记住，挑战实际上是将创造力引导到综合性更强、更复杂的系统中，是发展和进化的机会。

可持续性是我们的终极挑战，而这从根本上是一个伦理问题。这是由我们内在世界观、文化和欲望的不一致造成的系统性不连贯。当我们做出与进化能量相违背的决定时，就会出现挑战。这些决定基于分离和自我放纵，而不是自然的归于统一和集体。在这种状态下，我们无法实现生命的目的，也会远离连接和福祉。

一切都始于转变自我意识的内心之旅的开启。这个旅程为我们提供了机会，将日渐分离的碎片连接起来，建立整体性的关系，并在混乱状态下开始创造的过程。以这种富足心态，我们可以茁壮成长。毕竟，身心的健康是衡量福祉状态最重要的指标。因此，我们最大的杠杆将是意识的转变。我们必须改变自己的内在，来指导自己的行为；我们的心态一定影响着我们的做事方式。

我们生活在一个物质丰盛和富足的时代，人类正在生产足够支持地球上每个人的物质财富。但我们缺乏一个基于整体性变革理论的共同世界观。这种以整体幸福为终极目标的伦理观将统一所有人，使我们建立道德责任感，为追求协调、和谐的发展增添价值。因此，随着我们需求和欲望的转变，经济、政治、社会和技术结构将适应和调整到符合发展、可持续和一体化的新目标。

相反，当人际关系不健康时，我们便失去了与他人建立健康连接的可能性。如果这种关系的恶化不受控制，就很容易演变为破坏性的混乱。为了找回幸福，我们必须重建并努力经营关系。进化能量是自然而又不可阻挡的，我们要选择的是如何参与这种流动。

寻找意义、目的和自我理解一直是人类存在所面临的核心问题。然而，人性化的特征已经被塑造和调整到适应现代世界的需求了。我们原有的本质早已退居幕后，有时甚至已经被消除，以抑制生命的原始动机。在不懈地追求身份认同的过程中，我们忘记了真正的自我。

古代智者告诫我们"认知自己"，因为变革不能在真空中发生。古代智慧教导我们有系统地接近自我核心，观察思维投射的噪声和叙事。无论来自哪种具体传统的指引，自我理解的本质始终如一。我们寻求内在世界的宁静和整个身心的和谐。

当今全球的挑战可以通过一种高尚的意识状态来治愈和解决，这种状态以关系为优先，彰显道德的重要性。道德水平反映了我们的意识水平。不出所料，越来越多的健康中心、静修营和学院专注于联结感的习练，将其作为获取智慧和直觉力的途径。专业人士教授的实践大多源自东方的瑜伽、道家和禅宗传统。在东方，这类机构并不像在西方那样突出，因为东方群体的传统已经自然融入他们的文化之中，并在家庭和社区活动中得到体现。这些都是东西方文化接近合一的迹象。

对我们来说，最有用的可能是正念练习，有时被称为"连接的习练"。这包括东方和西方传统中不同形式的练习，旨在平静内心并提高我们对体验的觉察。冥想是正念的一种形式，已经被练习了数千年，目的是连接到"真实的意识"，这是一种变革性的体验，让人一窥卸下所有观念和"小我"滤镜的真实。与当今广泛宣传的冥想不同，冥想不是为了更高的生产力，而是向意识状态的转移；是一种深度静止、开放、寂静和平衡的状态，这种状态超越了单纯的文字概念。在这种思维清晰和情绪平静的状态下，冥想代表了对自我的探索和解构，是通过合一和放下实现的。

通过这样的习练，我们连接到了意识的起源，并慢慢觉察到整体性的存在。从那个"我们"和"彼此"共存的集体空间中，个人能量得到了增强。我们清理过去的创伤和被困的情绪，发现自己生命中的天赋和使命。这种方法为世界上的每个人提供了一条通向繁荣和与自然和谐共处的道路。

这不仅仅在改变我们所做的事情，我们还必须发现自己是谁——通常在意识发挥作用的时候。没有这样根本性的改变，我们无法有效地应对新时代的挑战。连接意识将改变我们的思维和行动，使我们变得更具共情能力和同理心。当我们把自己看作是自然世界的一个不可或缺的部分时，便会更加敏锐地意识到我们的行为不仅影响人类，也影响地球上的所有生命。有了这种心态，我们就可以理解彼此之间的关系，并重新建立我们与地球上所有生命的关系。

正如我所说，意识觉醒是一种运动，是一种进化能量的源泉，正在使我们进化为内部与外在协调一致的整体。整体性和幸福将是解决可持续性挑战的方案。

到达临界点

许多人已经在不同领域（包括各种机构、企业和技术）应对可持续性挑战，并试图开发一系列解决方案来解决这个庞大的问题。的确，人类社会系统已经觉醒到可以正视可持续性挑战了。随着冲突的加剧和社会压力的增加，当今现状不再被世界大多数人所接受。看到机构的崩溃和许多悬而未决问题的存在，社会变革的一股自下而上的力量被催生出来，为合作创造了新的可能性。

尽管在许多地方出现觉醒的迹象是令人欣喜的，但这些运动似乎仍然分散在孤立的角落中，而缺乏牵引力。这些散落各处的迹象是在不同的时间和不同的地点觉醒的。相较于构成协同的力量，如今我们却看到了诸多混乱的状态。人类必须进化到更高的意识状态，将这种混乱无序转变为创造的可能性，从中或许能诞生出这些挑战的解决方案。尽管不同的推动因素之间可能是不统一的、相对孤立的倡议，但它们在频率和强度上正在放大，并可能演变成一场全球系统的觉醒，使人类超越临界点。这可能在表面上看起来是混乱的，但在更深层次上，这个向新时代过渡的进程，实则是向着一致性的校准。

"分岔点"，即系统演化轨迹的分岔口，可以成为系统持续演化的通行证。虽然这个分岔过程是不可逆转的，但它为选择留出了空间。选择的发生需要足够数量的人群，并伴随意识的转变和提升。

分岔这一事实并非预先决定，而是一种选择。所有的危机和混乱状态都可以看作是人类成长和进化的机会，因为我们才能够主动做出选择。每一个挑战都可能是一种机遇，而每一种机遇都可以朝着进化的方向引导。这就是人类系统中发生分岔与其他系统不同的地方：人类拥有进化意识，具有继续进化的潜力。每一次我们在挑战中进化并应对挑战，都需要一种新的意识状态。这一次，人类的分岔将集中在伦理和可持续性方面。

同时，分岔也蕴含着破坏和进一步毁灭的可能性。鉴于人类所面临的巨大挑战，例如，社会不平等和气候变化，分岔可能会加剧我们当前所面临的危机。我们必须在这个关键时刻决定是否要有意识地参与并创建我们想要的未来。我们必须记住，人类只有一个地球，我们只存在于整个自然世界的关系之中。参与提升意识的任务是所有人必须承担的责任。

为了促进这种分岔，并找到进化变革的临界点，我们需要"量子领导者"。拉兹洛曾写道，在系统不稳定的情况下，"即使只有一小群热心的人，也能影响，甚至关键性地影响系统的进化方式"。根本性的变革很少从顶层开始，而往往源自底层。哪怕只有一小群人成为量子领导者，也能为不协调的系统提供必要的推动力，使它们重新校准到新的和谐状态。一旦该推动力由一群热心的量子领导者引领，范式就会改变，整个人类进化的路径也会转变。只有这样，每个人才会觉察到一个新的幸福时代。

可见的迹象表明，系统性的转变已经开始，世界正在觉醒，新世界观建立在以下原则的基础上：

- 我们生活在一个系统性的互联互通的世界中。
- 我们既是独立的，又是整体的。
- 我们正在经历的混乱是进化过程的一部分。
- 生命的目的是为这个进化过程增值。
- 我们正朝着整体协调与和谐的状态并进。
- 在这个分岔的关键时刻，我们有能力选择前进的道路并创造我们想要的未来。

量子范式给我们带来了希望，让人类能够克服今天困扰着我们的关于可持续性和日益分裂带来的无数挑战。这一发展推动了一个新的幸福时代的出现，而意识的新科学已经开始重塑人们看待世界的方式。

看似对立的智慧和科学、传统和现代、东方和西方之间的相似之处并非偶然。虽然古老的东方智慧不仅限于中国文化，但中国在经济、社会、政治和技术方面的进步在当今世界上最受关注。它的经济发展和非传统的社会结构及治理体系，对大多数人来说仍难以理解，既引人好奇，又引发警惕。在我们寻求一个共同的世界观和文化的过程中，了解中国的历史和文化，对于我们理解其社会和经济领先地位的发展，至关重要。

第二章

CHAPTER 2

中国文化中的觉醒与超越

　　量子科学的发展推动了一个新时代的出现，新的意识科学也开始重新塑造人们看待这个世界的方式。值得注意的是，古老东方传承几千年的思想和文化与量子范式展现出了高度的一致性。

　　在量子物理中，宇宙一方面向着无限的维度高速扩张，一方面也在向着零维坍缩。这种不断重建的运动带来了螺旋式的上升，并由此定义了宇宙的复杂性和整体性。

　　而在东方视野里，代代相传并得到了广泛认知的一句话——"无极生太极，太极生两仪，两仪生四象，四象生八卦"，则恰到好处地呼应了量子范式对这个世界的全新理解。

"无极"在汉语中意指"没有中心、了无边际、无有穷尽"，道家以"无极"指称"道"的终极性的概念，认为宇宙本是一个整体。"无极生太极"，即是宇宙万物从无到有、生化不息的过程，宇宙万物处于不断地阴阳消长的运动之中。

儒释道文化的千年传承，构成了中华文化最基本的底色。而其中的道家学说，是古老东方哲学里不可忽视的一个派系。在道家宇宙观中，万物从何而来、因何而在，以及人与自然的关系，是老子、庄子等诸多思想家共同关注的首要问题。道家认为，宇宙自然一切事物皆由"道"化生而来，并以此为存在发展之根据，"道"乃自然万物的本源。《老子·四十二章》中，老子认为"道"能生万物，至高至上；《庄子·齐物论》明确指出天地万物，包括"我"均归于"道"。不同于诞生至今仅一个世纪的量子科学，这样一种立足于整体的宇宙论和生命观，并由此衍生出"道法自然"及"天人合一"的自然观的道家学派，已经在中国的土地上传承了两千年。

作为四大文明古国之一，传统的生活智慧历经几千年的演化和时代更迭，在中国得到了较为完整的传承与创新。中国古代的概念有很多结构性的东西，从逻辑上完全可以和新的意识科学相互参照。这些系统将中国文化维系在一起，并在过去 50 年中加入了全球化进程，与世界各国分享东方大地上的繁荣，与此同时，也在一定程度上动摇了现有的"全球秩序"。

一方面，在新闻报道里，人们看到的是中国自改革开放以来始终保持的经济高速增长、科学技术迅猛发展、基础设施建设和城市化规模也在不断向前推进，"中国速度"伴随着"和平崛起"的倡导，也先后被多次提及。另一方面，在过去十年间，中国的发展同时也被视为对全球秩序的一种"威胁"。甚至在很多媒体的塑造中，中国被视为世界其他国家需要联合进行压制的国家，这与全新量子范式所倡导的一致性的，包容性的合作共赢背道而驰。

"漫长的 16 世纪"以来，人类文明遭遇了"数千年未有之大变局"，西方文明跃居领先地位。然而，古老东方的中国体系，作为另一种模式，同样需要我们的理解，因为这一庞大经济体的发展已经成为不容忽视的力量。在这个万物互联，全球高度一体化的时代，中国的影响力注定将和这一进化过程并肩同行。

这也是为什么当中国这个古老而神秘的国度，当养育了全球近20％人口并不断创造经济奇迹的东方大国，逐渐发展成世界第二大经济体时，我们有必要深入研究其历史发展脉络和文明文化的根基。

在认识中国社会的过程中，在看向整个历史长河的历程里，有两个问题先后被无数次地提及：其一是与其他古老文明相比，中华文明为何能在历史上生存如此之久？其二是历经辉煌与停滞，为何中国社会在近几十年里突然迸发出巨大的活力？

过去百余年，中国经历了清末封建制度的腐朽没落，在近现代被西方快速发展的浪潮甩在了身后，统治中国几千年的君主专制制度陷入全面的危机，效仿资本主义的尝试均以失败告终。直至十月革命的枪声响起，面对三千年未有之大变局，一场革命悄然在中国大地上发生，从马克思列宁主义的引入，到 1949 年毛泽东宣告中华人民共和国中央人民政府成立。近几十年来，在中国共产党的领导下，这片东方的土地上才又重新开始发生翻天覆地的变化。

自古以来，中华与西方本身就是两条并行的文明河流，也是两个平行的文明宇宙。当下的中国，正在经历全面复兴中华文化的过程，而一种传承了数千年的"和"的理念和智慧，在 21 世纪的今天看来，则表现为中国式现代化和为人类命运共同体服务的全新视野。

中国历史进程中的进化能量

在中华民族几千年的文明发展史中，儒释道文化一直都是中华文化的根基，并随着时间的推移不断演变、发展，生生不息。这和中国自古以来逐步形成的一整套运行缜密、行之有效的国家制度和国家治理体系紧密相关——究天人之际，明修身之道，施治国方略，期天下为公，从贤者治国到以民为本，从义利统一到以和为贵，究其根本，其中最为核心的，便是一种整体性世界观的传承与发展。

史学研究带领我们不断升维，以更为开阔的视野，拉长整个人类发展的时间线，我们也因此能有机会从全局来观察分析其背后的发展过程和规律性特点。而当我们将所探究的课题核心，如治理，放入一个长期的进化历程来观察时，这一探究就变得更为深刻了。在中国，建立在同一世界观上的治理体系已经持续存在了数千年，因而它是经过充分验证、具备灵活性和现实的相关性的。

每个民族都在不停追寻自己的根之所在，"我们从何而来？"而中国也经历了走向文明的艰难而漫长的过程。以量子范式的视野，深入研究其数千年治乱兴衰的历史周期率，也让我们得以在每一件具象的历史事件背后，窥探到一种螺旋上升的不断进化的能量。

从原始混沌到思想盛世，奠定世界观的基础

自公元前 21 世纪起，社会生产力不发达，人对自然的认识极为有限。各地部落之间的纷争不断，在各个集团的争夺中，逐渐形成了夏、商、周三个王朝。这一时期，人们相信精神世界里人神相通，从统治者到黎民百姓，皆祈求上天的庇佑。在对自然的敬畏、崇拜和信

仰中，人们顺应天道，创造了被视为中国最古老的古典文献之一的
《易经》。

任何一个伟大的民族，都有一部原创伟大经典，这部经典奠定了
这个民族的性格和精神。《易经》是中华文明的源头，是中华文明的
灵魂。这套以六十四卦预知未来吉凶祸福的"变易、不易、简易"之
书，承载了中国古老的宇宙观，以符合自然运转的规律进行农事活
动，并发展出阴阳、天时地利人和及天人合一观念，构成了中华民族
的基本精神。

其中，周朝又分为西周和东周两个时期。经过 270 余年的兴旺与
延续，西周末年，各种矛盾开始显现，整个社会处于动荡之中。至周
平王建立东周，游离漫长的混沌启蒙时期，中国进入了春秋战国时
代。虽然社会处在大的变革动荡之中，但各诸侯国先后进行了变法改
革，新的社会秩序的建立，刺激了经济的发展和科技的进步，也因此
为文明的茁壮成长奠定了基础。许多学者都建立了自己的思想体系，
其中最为著名的，要数道家老子的《道德经》。老子不仅阐述了宇宙
的整体观思想和"道"的概念，同时衍生出"无为而治"的管理原
则，和"以弱胜强"的管理策略。这里的"无为"并非不作为，而是
量子范式中的顺应宇宙能量的运转；"以弱胜强"，并非软弱，而是如
水般流动而化无形的能力，一如我们之前谈到的，在自我校准中找寻
系统的一致性，来达到最终的目的。

同时期诞生的还有儒家重要的著作《论语》，这是孔子的学生对
其生前言论的汇编，形成了独特的儒家治理思想体系，强调"以礼治
国""克己复礼，仁者爱人"以及"重义轻利"，其鲜明的伦理政治思
想也一直延续到了今天。此外，还有代表儒家的孟子和荀子，代表道
家的庄子，代表法家的韩非子和代表墨家的墨子等思想家，他们共同

奠定了中华民族几千年文化的思想基础。

从《周易》的诞生到诸子百家学说的形成，这一时期，中国从混沌初开走入了一场"百家争鸣"的思想盛宴，在对人与自然、人与社会、人与自我的关系的探索中，开始形成了独树一帜的传统世界观。

秦汉大一统奠定"一统多元"的基础

公元前 221 年，秦王嬴政用了十年的时间，先后灭了韩、赵、魏、楚、燕、齐六国，完成了统一中国的大业，建立起了一个中央集权的统一的多民族国家——秦朝。天下统一后，秦王嬴政改称"皇帝"，成为中国历史上第一个使用"皇帝"称号的君主，也称为"始皇帝"。秦国在统一之后，也陆续颁布了多条律法，以稳固国家的统治，其中就有我们熟悉的"书同文""车同轨""度同制""改币制"等，其核心的治理思想也表现在政治集权、经济集权和思想文化集权等多个维度。但是，秦始皇和他的继承者，对农民空前残暴的压迫和剥削，导致秦王朝的统治在短短 15 年后就被农民起义推翻。

之后，汉高祖刘邦建立西汉王朝，总结秦朝灭亡的经验教训，采"文武并用"，在此基础上出现了"文景之治"的盛况——汉文帝和他的儿子汉景帝的统治时期出现了。这个时期以皇帝的仁慈节俭、轻徭薄赋、休养生息而闻名。它通常被视为中国历史上特别是西汉的黄金时代之一，为长期稳定的统治铺平了道路。在此基础上，汉武帝建立了一支强大的军队，并采用积极的外交政策，大大扩展了帝国的版图，最终将汉朝推向了顶峰。

随着国力进一步增强，汉武帝推行"罢黜百家，独尊儒术"，确立了儒家思想的正统地位。在意识形态和文化上，"三纲五常"的实施，视道德和伦理为重中之重。这是一个强调在一系列关系中履行角色所承担的责任的价值体系，父子之间有孝，主官之间有忠，朋友之间有信、义。儒家"五常"即仁、义、礼、智、信，而所有美德的核心是"仁"。这样的伦理关系仍在主导着今天的中国文化，让每一个个体始终为下一个更大的生命系统服务。

西汉末年，社会矛盾空前激化，王莽夺取汉朝政权，建立新朝。他推行了一系列改革措施，但触动了上层官僚的既得利益，亦使百姓受害，最终引发了起义。之后，刘秀灭新朝，建立东汉，为光武帝，在他即位后的三十余年，大力推动经济建设，加强中央集权，以和平发展缓和民族矛盾，创造了政兴人和的治世局面。

两汉时期长达400多年，很多成就至今都具有影响力。今天的汉族、汉字、汉语、汉文化等名称都与汉朝有关。秦汉大一统时期，生产发展迅速，经济繁荣，国防巩固，科技文化事业发达，在医学、天文学、地质学等方面都取得了突出的成就。特别是造纸术的发明和改进，对世界文化事业的发展作出了巨大的贡献。

这一时期，从地中海、西亚到太平洋东岸，世界上雄踞着四个帝国，其中汉朝与罗马的历史地位尤其重要。而随着西汉张骞出使西域开辟了丝绸之路，中国辉煌灿烂的文化开始影响世界，当时世界上优秀的文明成就也逐渐融入中国的传统文化之中。

隋唐经济繁盛，万国来朝与和平崛起

东汉末年，政治黑暗，阶级僵化，又逢民间暴动"黄巾之乱"，中国迎来了封建社会前期的一次"大分裂"——三国魏晋南北朝时期。这一时期由于长期混乱的局面，政治、文化、技术的发展一度衰落，直至战乱局面结束，重新回归统一后，中国才又进入下一个繁盛时期——隋唐盛世。

隋朝的开国皇帝杨坚，统一了纷乱的中国，也开创了前所未有的繁盛局面。只可惜之后的隋炀帝杨广好大喜功，昏君暴政，不计民生，一场陈胜、吴广掀起的农民起义，让隋朝的统治仅维持了38年。

唐朝延续了大一统的局面，在隋朝的基础上，迎来了封建经济发展的鼎盛时期。唐朝政治开明、思想解放、人才济济、疆域辽阔、国防巩固、民族和睦、百姓安居乐业，财富也得到了有效的积累。当时的国都长安车水马龙，繁华的程度让人惊叹。而在外交政策上，唐朝的统治者并未以过多的战争影响平民的日常生活，而是凭借软实力征服周边的邻国，一度废弃的丝绸之路重新成为重要的商贸通道，甚至吸引了欧洲、非洲的很多国家前来朝拜、进贡，可谓"万国来朝"。直到今天，海外华人仍被称为"唐人"，华人在国外聚居的地区被称为"唐人街"。

隋朝时期，还诞生了以考试方式进行选官的科举制，该制度在唐朝武则天统治时期得到了进一步发展，使儒家"学而优则仕"的学说制度化，并一直延续了1300年。科举制为中国历朝历代发掘、培养了大量的人才，也推动了民间的知识普及和读书风气的形成。这种标准化选拔人才的制度，也对以"高考"为核心的中国现代教育体系，和"选贤任能"的干部选拔任用制度产生了深远的影响。

宋元明清的民族大融合之路

唐朝后期，腐朽的政治统治、尖锐的阶级矛盾导致农民起义不断爆发，中国又迎来了一个大分裂时期。直至公元907年，唐朝共走过了289年的盛世繁荣。公元960年后，宋朝重新统一大部分汉地，成为中国历史上商品经济、文化教育、科学创新高度繁荣的时代。四大发明中的活字印刷术就诞生于宋朝，此外，指南针、造船及运河交通，推动了航海文化的发展；而火药的广泛应用，也让宋朝出现了世界上最早的原始炮管和大炮射弹。

据推算，公元 1000 年，中国 GDP 总量为 265.5 亿美元，占世界经济总量的 22.7%，人均 GDP 为 450 美元，超过当时西欧的 400 美元。[①]

回顾整个宋朝的治理变革，当中不少启示在今天也依然具有鲜明的现实意义。包括顺应时代发展而勇于创新、经济建设是行政管理的最有力根基；推动机构改革、对资源优化组合；加强法治建设；以及充分调动人民和群众的力量，以"富民论"推动社会进步等。

宋元明清是统一多民族国家大发展的时期，蒙古族、满族入主中原，也间接促进了汉族和少数民族之间的文化制度融合。明清以来，统治者一方面在持续不断强化中央集权的管制，另一方面，也在民族和边疆治理中更加推崇"大一统"的治理目标。新一轮的繁荣发展，让 19 世纪中国的经济总量，超越了亚洲、欧洲的任何一个国家。[②]

文化认同是民族认同、国家认同的基础，这一时期的统治也进一步深化了中华文明"大一统"的观念，奠定了今时今日中华人民共和国的基本版图。

回顾历史，中国封建社会在反复的由治到乱、由乱到治的历史更迭中，螺旋式向前发展。研究其经验教训，对现代的演变具有重要的意义。从盛世出现的规律来看：第一，都是在结束分裂，实现国家统一的背景下；第二，统治阶级注重灵活调整统治政策，顺应一定时期内社会发展的需求；第三，以民为本，任人唯贤；第四，稳定的社会

---

① 安格斯·麦迪森，《世界经济千年史》（Angus Maddison, *The World Economy-A Millennial Perspective*）。
② 同上。

环境与和睦共融的外交政策。而探究朝代灭亡的原因，则主要表现为：第一，统治者腐朽、昏庸、暴政；第二，每一个王朝的兴衰都是一个价值和权利在高层错位的故事。从量子范式的视角，这些历朝历代的割裂与分化，让统治者偏离了"以人为本"的根基，最终走向了混乱和自我的毁灭。21 世纪中国的领导者们也在不断汲取历史上的经验教训，并将中华文化里真正的智慧精髓带到当下的治理之中。

中国式现代化的守正创新

世界观的传承与现代化发展

"周虽旧邦，其命维新。"中华文明的基本特征是"多元一统"。其中最突出的成就是作为一个超大规模大一统共同体，在人类文明发展史上延续了数千年，历经腐朽与创新、保守与开放，在旧与新的交融碰撞中，如贤者治国、以民为本、义利统一和以和为贵等建基在中华文化之上的整体性世界观，得到了完整的传承和保育。这在全球范围内都是十分独特的。

而当我们将目光看向当代中国七十余年的政治制度发展历程，就会发现这些核心的概念始终稳定存在，并且在新时代得到了创新和发展：其一，中国治理的突出特点是一套"大一统"的精神内核，并在不断的动态调整中寻求多元治理的灵活性；其二，采取"以民为本、以人为本"的执政理念与传统文化的"民本"思想一脉相承；其三，以科学引领的"五年规划"为国民经济和社会发展制定具有前瞻性、可调控的目标和方向提供了可能；其四，将"稳中求进"作为治理工作总基调，确保了稳定中的长期发展和繁荣。

西方固有的学术理论框架或许难以解释中国社会在近半个世纪以来取得的惊人成就，因而我们有必要从一种新的范式，即基于整体性思维的量子范式，来寻求这些"中国特色"概念的答案。

多元一统的灵活与凝聚

中华文明是人类历史上唯一一个绵延五千多年至今未曾中断的文明，这其中"大一统"理念发挥了至关重要的作用，这一理念既是贯穿中国历代政治格局和思想文化的主线之一，更是维系中华民族共同体意识的重要纽带。

"大一统"的表述，最早见于《春秋公羊传》："何言乎王正月？大一统也。"汉儒董仲舒亦曾言："《春秋》大一统者，天地之常经，古今之通谊也。"《诗经》也提及："溥天之下，莫非王土；率土之滨，莫非王臣。"回溯历史，早在先秦时期，中国就逐渐形成了以华夏为凝聚核心的交融格局。

公元前 221 年，秦始皇建立第一个统一的封建王朝，废分封，设郡县，书同文，车同轨，为两千多年的中央集权确立了新的政治制度基础。而自西汉武帝将"大一统"纳入其构建王朝治理的实践后，对于中国多民族国家的形成产生了非常重要的影响。

此后，无论哪个民族入主中原，都以"统一天下"为己任。"天下为公""六合同风""四海一家"的大一统传统从中国古代延续至今，为整个中华民族构建了稳定的团结统一的内核。

在"多元一统"的精神内核指引下，各国家机关是一个统一的整体，既合理分工，又密切协作，既充分发扬多元民主共融，又有效发挥集体的凝聚力。正是在长期的历史变迁与实践中，整个中国社会和民族的积极性、主动性、创造性，最大限度地得到发挥和落实，"多元一统"的思想也不断被赋予新的内涵。

以人民为中心

中国传统的民本思想，可追溯至三四千年前的夏商周时期，其核心的意蕴体现在以下三个方面，一是以民为本，"民比天大"，这样的思想要求统治者实行德治、仁政；在思想建构层面，"为天地立心，为生民立命，为往圣继绝学，为万世开太平"则为中国文化里的圣贤指明了实现自身人生价值的重要途径。二是为民做主，《尚书》记载："民惟邦本，本固邦宁。"孔子也倡导"重民""爱民""惠民""教民"，是以民心向背为政治统治兴衰的关键。三是由民做主，肯定人民的根本政治地位。

至现代社会，中国共产党的诞生，同样建立在人民选择的基础上。美国学者费正清（John King Fairbank）认为，1911年的革命不能建立起西方式的新中国，重要原因是缺乏人民参与。这证明了没有依靠人民、不能组织发动人民的变革，就无法真正获得人民的认可。"根基在人民，血脉在人民，力量在人民"[1]，也反映了"以人民为中心"的发展思想和坚持人民主体地位的内在要求。

自新中国成立以来，人民代表大会制度便以其在立法领域、监督领域和重大事项决定领域发挥的重要作用，成为了由民做主的最佳民主实践形式。中国共产党坚持的唯物史观认为，人民既是物质财富的创造者，也是精神财富的创造者，更是社会变革的决定性力量，是历史的创造者。

如果用大数据"画像"来体现从20世纪初到如今中国这百年来

---

[1] 2021年7月1日习近平在庆祝中国共产党成立100周年大会上的讲话。

的变化，生活在 1921 年的女性很可能是这样的：文盲，裹小脚，对外部世界极度缺乏认知；因为战乱、医疗资源匮乏，可能只能活到三四十岁。而生活在 2021 年的中国女性则可能是这样的：在大学生人数高居世界第一的国家，努力、勤奋、上进就有机会获得高等教育；有稳定工作；有被选为人大代表一员的权利；按中国女性平均预期寿命估算，一般都可以活到 79 岁。个人命运的天壤之别，同时也是中国百年巨变的缩影。新加坡资深外交官马凯硕（Kishore Mahbubani）指出，"与世界各地的同行相比，中国领导层在改善公民福祉方面的举措，几乎比当今其他任何政府都要好"，这也侧面说明了中国政府坚持"以人民为中心"收获的坚实群众基础。

家国天下的指导理论

家国情怀作为中国人独特的精神品格，源于中国古代社会"家国同构"的社会格局，中国传统文化历来提倡将家与国从整体上进行关系建构，始终认为家是组成国的基本单元，国是千万家的伦理组合和共同利益体。"身修而后家齐，家齐而后国治"，这种将个人与家庭、家庭与社会、社会与国家一同建构的理念，生成了中国人特有的价值逻辑。

"天下之本在国，国之本在家。"在中国古代的家族之中，一向有"家训、家规、家风"的存在。家训是家庭的核心价值观，家规是家庭的"基本法"，家风是家族子孙后代长期形成的具有鲜明家族特征的家庭文化。在中国人的价值体系中，家庭是国家发展、民族进步、社会和谐的基点。

家国同构的观念也被儒家进行了内在性的转化，人们在家庭伦理中感受到的亲情血缘之爱，成为对他人之爱的起点，进而成为社会责任感与入世精神的基础，因而才有了"在家尽孝，为国尽忠"的中华优秀传统。传统社会里，黎民百姓也因此以"父母官"作为对执政官员的最高褒奖。

如今，社会形态、家庭结构、价值观念发生了很大的变化，人们生活在一个工具理性至上的现代社会，但中国古代农耕文明安土重迁的家族观念发展至今天，家的意义也依然超越了任何经济的成本收益分析。基于宗教文明的朝圣发生在麦加、梵蒂冈，而在这片东方的土地上，每年春节都将上演一场"人类历史上规模最大的、周期性的人类大迁徙"——春运，在 40 天的时间里，有超过 30 亿人次的人口流动。他们克服一切困难，回到养育自己的故乡，和家庭团聚，和祖先对话，构成了人类独有的文化现象。

"小家"与"大国"同声相应，个人前途与国家命运同频共振，是理解中国人的"家"文化的核心所在。

"五年规划"指明方向

在执政七十多年的大部分时间里，中国共产党通过一系列"五年规划"（曾经称为"五年计划"），从整体布局上描绘了推动国家发展的蓝图。1953 年，刚刚成立不久的新中国，制定了自己的第一个"五年计划"，自此之后，中国持续推进工业建设，确定了新型工业化道路，不断完善社会主义市场经济体制。从第一辆汽车和战斗机的制造，到改善广大农村人口的生活质量，再到发展中国在全球舞台上的软实力。至 2020 年，中国已经顺利完成了十三个"五年规划"。

"五年规划"被视为中国最为重要的宏观经济和社会管理工具，是"中国之治"的重要密码。2006 年，中国将"五年计划"更名为"五年规划"，旨在确定国民经济和社会发展远景的方向和目标，为下一阶段提供具有宏观性、战略性、前瞻性的指导方针，而非具体详尽的发展路线。

随着经验教训的积累，这种科学的规划体系，在市场发展的过程中，不断依据内外部环境进行动态调整，并在最近几十年里取得了显著的成效。在中国最新发布的"十四五规划"中，现代化经济体系建设、双循环发展格局、社会平衡发展、科学技术创新、绿色可持续增长等，被列为未来五年的重中之重。

"和"文化与稳定即繁荣

不同于海洋文明、游牧文明等以夺取资源为生存本能的文明，中华文明起源于内陆和农耕，是一种内敛、防御的文明。它以自给自足、自食其力为生存模式和思维方式，并且在土地上形成了团结紧密的家族意识。为了耕种，中华文明世世代代企求的都是稳定与和平，厌恶战争和变数。

希求稳定和平的背后，是一种广泛的文化理念："有德此有人，有人此有土，有土此有财，有财此有用。德者本也，财者末也。[①]"中华文化坚信，道德超越财富，是做人的根本，而其核心便是"致中和"——天地各安其位，万物和谐共生。

这一"和"的精神，既是人与自然的"天人合一"，也是"君子和而不同""君子以和为贵"的和谐社会；既是"喜怒哀乐未发之谓中，发而皆中节之谓和"的个人修养，也是"协和万邦""万国咸宁"的睦邻友好关系。在中国古老的智慧和文化认知里，当一切人、事、物各司其职，各得其所，社会便顺"道"而行，稳定和谐而长久地发

---

① 语出《礼记·大学》。

展。在这个意义上，新时代语言体系中的"和"，也可以理解为一个连贯的、整体性的、彼此互联的生命系统。

"和"是中国文化的核心、普遍原理和根本价值观。在五千多年的文明发展中，中华民族一直追求和传承着和平、和睦、和谐的理念，和谐创造稳定，稳定带来发展，发展走向繁荣。在需求收缩、供给冲击、疫情防控等复杂严峻的内外环境下，中国政府坚持稳中求进，提出要保持宏观政策稳健有力，同时要稳人心、稳大局。2022 年"两会"期间，习近平总书记指出："有长期稳定的社会环境，人民获得感、幸福感、安全感显著增强，社会治理水平不断提升，续写了社会长期稳定的奇迹。"

从汉代开始直至清朝初期，中国在经济科技方面保持世界领先长达 1500 年，却并未依靠"力量"进行扩张。隋唐大运河的贯通首次实现了南北互联，并在之后的五百余年时间内成为沟通运河沿线的重要政治、经济、文化的纽带。陆地和海上丝绸之路的建立、郑和下西洋，也都是文化文明和平传播的最佳实践。

两千多年前，汉武帝派张骞出使西域，开拓了一条跨越埃及文明、巴比伦文明、印度文明和中华文明的大通道，首次构建起世界交通线路的大网格，并以商品互通、文化交汇、不同文明求同存异取代侵略性扩张，绘制了一幅人类文明繁荣的画卷。

两千多年后的今天，历经改革开放，中国已经发展成为世界第二大经济体，中国经济的持续稳定增长也同步提升了全球经济复苏的信心。"一带一路"倡议的提出，依然以构建一条和平之路、繁荣之路、开放之路、创新之路、文明之路，来呼应千百年来"和"文化的精神内涵，冀求以软实力推动构建以合作共赢为核心的新型国际关系，中国经验或许也将为全球经济提供一个和平发展的典型范式。

从中国悠久的历史中可以看出，支撑这种文化的根本，是建基在扩张之上的共享繁荣和促进和谐。正如"全球化"概念首倡者之一的马丁·阿尔布劳所谈到的，中国将其深厚的文化传统融入治国理政过程，开创了一种不同于西方"代议制民主"的独特治理模式。中国用亲身实践证明，不走西方式道路也能走向繁荣。

中国经济之路：从多元走向合一

当我们谈论亚当·斯密和卡尔·马克思时，我们谈论的是资本主义和马克思主义。第二次世界大战后，世界分裂为社会主义阵营和资本主义阵营。从那时起，西方体系主导的世界进入了成熟的物质时代，经济发展深刻地影响着社会、政治和技术发展。因此，"主义"一度成为驱动力。

在中国几千年的历史演化中，早在宋代，中国的经济就经历了一个极度繁荣的时期。据统计，当时的铁产量甚至超过了 700 年后除俄罗斯以外的欧洲地区的总和。此外，中国传统"道"的思想、"以人为本""家国天下"以及"和"文化，都完整地传承到了今天。所以，现在在全球范围内普遍盛行的各种"主义"，在中国得到了新的提炼和发展。

传统社会主义经济理论中不但没有"社会主义市场经济"这一概念，而且基本上认为社会主义和市场经济是根本对立的。因而，社会主义市场经济理论也被视为马克思主义理论发展史上的一个伟大创新。

自邓小平提出改革开放以来，中国共产党对经济制度的认识和实践，经历了一个漫长而又复杂的过程。1976 年 10 月，中国结束了

"文化大革命"。对处于发展拐点的中国社会而言，改革过去僵化的计划经济制度，确立市场导向，另辟新路是非常必要的。

中国开始探索未来的经济发展道路，指出只强调"有计划按比例"，忽视"市场调节"，给经济发展带来了很多负面影响。这些初期探索，一是对市场的评价由过去的全面否定转为相对积极的肯定；二是不再把市场经济看作是资本主义的专利，更多地把它看作一种不带有社会制度专属性的经济调节方式；三是认识到市场对满足国计民生多元需求的价值，提出市场调节是社会主义经济不可或缺的一个部分。

在这之后，中国先后经历了"计划经济为主，市场调节为辅"和"公有制基础上有计划的商品经济"两个过渡时期，并于1992年召开的中共"十四大"上，正式确立了"中国特色社会主义市场经济体制"的改革目标，即要使市场在社会主义国家宏观调控下对资源配置起基础性作用，通过发挥公有制、政府宏观调控、产业政策等优势，和市场经济结合起来，用好政府和市场的"两只手"。在此基础上是创新探索，建立了比其他模式的市场经济更大的灵活性和优势。

中国从高度集中的计划经济体制，逐步转变为更具活力的中国特色社会主义市场经济体制，改善了十几亿人民的民生福祉。2020年，中国GDP首次突破100万亿元大关，作为世界第二大经济体，中国对全球经济增长的贡献率超过30%。美国宾夕法尼亚大学沃顿商学院院长杰弗里·加雷特曾表示，自1978年以来，中国经济加速发展，可能是世界历史上"最伟大的经济奇迹"。

世界观决定了一个人的欲望和愿力，也影响着经济的发展方式。美国经济学家道格拉斯·诺斯认为："如果没有一种明确的意识形态理论……，我们说明无论是资源的现代配置还是历史变迁的能力就会面临无数的困境。"这说明理解中国政府对其世界观的管理，对于理解其经济发展至关重要。在探索中国的"经济奇迹"时可以看到，一方面，彼时的中国正从"革命范式"转向"改革范式"，即"以经济建设为中心"；另一方面，传承千年的儒家文化，主张勤俭节约，反对挥霍和铺张浪费等，都直接有利于经济的发展。

在和平年代，中国逐渐从封闭走向开放，从僵化走向繁荣。与此同时，经济的高速增长，也带来了诸多伦理道德问题。"以经济建设为中心"确实有助于解放思想、为市场带来创新与活力，但价值体系的混乱和"向钱看"的趋势，却也影响着投资和经济环境的良性治理，甚至将发展的成本转嫁给自然环境。

实践中，"市场无伦理""经济无道德""野蛮增长"和"无德经营"等经济伦理问题频繁出现，企业不承担社会责任的事件也屡禁不止。市场经济是否符合伦理道德规范？企业在经营中是否需要遵守法律之外的道德约束？在这样的语境下，中国政府及诸多学者均投身到经济伦理学的研究中，提出市场经济建立的前提是社会有理性平和的社会心态，有足够的文化软实力供给，并开始深入挖掘中国传统文化中的经济伦理思想。

2001年，中国正式加入世界贸易组织（WTO）。在进一步开放和全球化潮流的影响下，中国市场经济发展过程中的诚信问题、公平正义问题、生态经济伦理问题开始凸显，片面追求GDP增长、过度追求经济发展和企业利润也导致了社会问题的产生。中共十七届六中全会首次提出要"开展道德领域突出问题专项教育和治理，坚决反对拜金主义、享乐主义、极端个人主义，坚决纠正以权谋私、造价欺诈、见利忘义、损人利己的歪风邪气"。此后，道德治理开始受到普遍关注。

进入新时代，中国走上从富国到强国的新道路，历任领导人也相继提出了新的发展理念和方向。不同于西方传统意义上的自由、民主、平等的概念，中国正以其特有的监管机制探索另一种模式的可行性。中国共产党第十八次全国代表大会首次提出了二十四字的社会主义核心价值观，新一代领导人习近平总书记曾这样总结：富强、民主、文明、和谐是国家层面的价值要求，自由、平等、公正、法治是社会层面的价值要求，爱国、敬业、诚信、友善是公民层面的价值要求。在一个拥有 14 亿人口和 56 个民族的大国土地上，面对社会群体思想多样和价值多元的前提，培育和践行统一的核心价值观，为提升国家的凝聚力提供了重要的思想基础。

2021 年，中国顺利完成脱贫攻坚，正式宣告全面建成小康社会，同时建成了世界上最大规模的社会保障网络和公共服务体系。在此基础上，中国也正式迎来了推动共同富裕的历史阶段。以公正合理的分配体系实现全体人民共同富裕，是马克思主义政治经济学的重要内容，同时也是中国走向现代化的重要特征。

在中国特色社会主义市场经济体制的引领下，中国共产党提出构建初次分配、再分配、三次分配协调配套的基础性制度安排，也使得"第三次分配"在这两年成为了理论界的热点议题。有别于第一次分配基于市场机制和第二次分配基于行政机制，"第三次分配"注重在道德力量、精神力量、文化习俗、价值追求等因素的作用下，由社会主体自发将收入、财富等资源无偿转移给他方，从而促进资源在社会上的公平流动。

无论东西方都面临着经济社会发展、消除贫困和社会不平等等全球协作的重要议题，只是路径不同。在不少国家的发展历程中，全民共享发展往往是缺失的一环，而随着中国"十四五"规划和 2035 年远景目标纲要的提出，我们或许会在未来找到解决全球共享发展难题的新思路。

与此同时，当经济全球化成为促进世界经济加速发展和联系更加密切的一种不可避免的趋势时，中国共产党带领人民走上了一条坚定的"文化自信"之路。过去由于西方经济在世界上的强势地位，西方文化拥有着强大的物质基础，在相当一段时间内成为一种世界"潮流"，中华民族文化也在这样的背景下受到了影响和冲击。站在多元文明交汇的十字路口上，如何推动中华文化的伟大复兴，在多元共存的全球文化体系中展现中华民族文化主体性，将是中国在通往未来的道路上面临的重要课题。

中华民族在漫长的历史发展进程中形成了独具特色的传统思想文化。老子、孔子、墨子等思想家上究天文、下穷地理，广泛探讨人与人、人与社会、人与自然关系的真谛，建立了博大精深的思想体系。这一体系涵盖的政治、经济、伦理、文化、军事等各种具体的观点和理念，凝结着古圣先贤们几千年来积累的智慧和理性思辨，也构成了中国人独特的精神世界。而中国传统智慧与当今量子世界观所展现出的高度一致性，对解决人类共同面临的问题和挑战也具有重要价值。

当前，全球挑战层出不穷，世界历史也迈入了新的十字路口。合作还是孤立，团结还是分离，人类社会面临着一场重大的抉择，各国都在探索应对之道。早在 2017 年，中国领导人习近平就在联合国日内瓦总部发表主旨演讲，系统阐述了"构建人类命运共同体"的重要理念。演讲呼吁世界各国"坚持对话协商，建设一个持久和平的世界；坚持共建共享，建设一个普遍安全的世界；坚持合作共赢，建设一个共同繁荣的世界；坚持交流互鉴，建设一个开放包容的世界；坚持绿色低碳，建设一个清洁美丽的世界。"这"五个世界"的论述，从伙伴关系、安全格局、经济发展、文明交流、生态建设等方面提供了清晰的行动指南，而"构建人类命运共同体"也被写入了联合国的多项决议中，旨在将这一理念变成全球性的共识。

世界经济论坛创始人克劳斯·施瓦布在现场聆听了这场"历史性的演讲"。他在一本思考后疫情时代世界走向的书中写道，经历疫情，希望各国更深刻认识到，"我们是同处一个星球的人类命运共同体，我们拥有并且应当携手创造一个共同的美好未来"。

一千年前，北宋大儒张载曾写下"为天地立心，为生民立命，为往圣继绝学，为万世开太平"的"四为"思想，一千年后的今天，我们看到中国这个迸发着源源不绝生命力的东方国度，依然遵循着先人之"道"中的智慧，以一种整体性的宇宙观和世界观，应对着每一个历史阶段的新挑战。未来已来，"和"文化的传承，让中国人向西方世界敞开了大门，选择了一条由分离走向团结，由孤立走向合作的共赢之路。随着一个由量子范式引领的幸福时代的到来，中国模式或许也将在我们共同踏上的这条觉醒、调整、合作与创造之路上，带给人类全新的思考与启示。

第三章

量子领导者的愿景

量子领导力的兴起

当意识觉醒时，改变就会发生。全球性的变革需要以道德和责任为基础的新形式的领导。领导者将成为资源的管理者，并发挥热情。

爱因斯坦和毕加索这样的天才就被这种精神驱使着。对许多人来说，他们对自己的目标坚定不移似乎是疯狂的，好像着了魔一般。然而，正是这样的热情使他们展现了新时代必不可少的创造力、想象力和领导力。他们——以及和他们一样的人——反映和体现了社会意识的潜在趋势。今天的世界充满全球性的危机，必须诞生一个新的常态来应对困扰人类的共同挑战。在变革的十字路口，这些个体将此视为一个取得主导权并重新定义现实的机会。这便是量子领导力在量子范式下的兴起。

在幸福时代，量子领导力的兴起是进化能量的自然觉醒。量子领导力起源于创造的进化能量，指示着系统性的觉醒，物质世界的能量变化被传递给我们，从而影响着人类的行动。作为进化过程的积极参与者，人类必然会对广泛而强大的能量转变作出回应。

在幸福时代理解人类的回应，可能需要回顾 1759 年出版的亚当·斯密的伦理学著作《道德情操论》。他认为，人类的道德与生俱来，源于内在。在他看来，道德揭示了我们真正的本质，并引领我们走向合一。作为社会性动物，我们天生对社交感兴趣，并会发展出一套共享的行为准则，即凭"良心"行事。这种道德引导我们生活的方式，为社会凝聚和谐提供必要的一致性。整体性作为一种联系的表现形式，与我们作为社交动物的本能紧密相连。爱是整体性的表现，而慈善则是将爱付诸行动。我们正在以一种更加整合的方式培养道德情操，直面必须面对的挑战。

根据亚当·斯密的理论，社会成员的美德能为创造和维护和谐社会作出贡献。然而，如今世界上大多数人无法达到这一理想状态。相反，道德指南针已经失灵——我们的道德不以集体的利益与和谐为导向，而是由一己私欲所控制。在这个竞争残酷的世界中，许多人只关心自己的利益，而不顾及他人。这与我们最初的愿望完全不同，且正在威胁着我们这颗星球的土地、生物多样性和生态系统。因而，我们必须认识到这个真相，时刻牢记守护人类可持续的未来。因为这种觉醒是系统性的，所有部分有机相连，所以在当今时代，人类作为一个整体会变得更加强大而富有智慧。

正念运动在这个时代的流行是这种集体觉醒的信号。面对现代生活的压力和人际挑战，许多人感到需要寻找解决方案。当无法在外部世界找到答案时，我们开始了一场内在探索，在自我深处旅行，发现量子层面的觉醒。当我们理解到我们的整体性时，就可以将这种整体性表达为爱和同理心。这就是道德情感的觉醒，意识到存在本质的统一性和连接我们所有人的共同基础。从这种意识的提升和转变中，对社交、联系和爱的渴望自然而然地产生了。

在理解这一挑战，以及我们与整体性之间的距离时，每一个个体都能想象到一个充满可能性的未来，找到前进的方向。他们会自然而然地遵循内在的呼唤，这种意识随着时间的推移只会变得更加强烈和坚定。当前进的道路变得清晰时，他们就会采取行动。与整体保持一致是最终的目标，量子领导者将互相合作，凭借他们在整体内部的权威采取行动，汇聚集体智慧，创造未来。

新时代的到来需要一种前所未有的领导方式。当然，在任何转型过程中，领导力的质量都是至关重要的。量子领导力是建立在以谦逊为基础的价值体系上的，比如对终身学习的必要性的高度认识，以及向整体转变的意识——这种整体性意味着与"道"的进化能量同步。有了正确的领导者，这种规模的转型是可行的。这些量子领导者将引导人类实现生命的目的，即创造和进化，并通过真实和自然地生活为生命增值。

理解了生命的真正目的，我们将准备好为进化创造价值，积极为创造一个新的未来做出贡献。在量子领导力范式下，一种新的关系伦理体系将出现，它是"道"的长期实践，是中国文化中延续了两千五百多年的准则——儒家经典《大学》的核心即关系伦理，这部经典也系统地论述了生命的关联性。

量子领导力有许多表述方式，我们使用"量子"这个词的原因是量子领导者所理解的现实，是以将形而上学置于物理学核心的量子范式为基础的。这个时代需要创造力和管理能力，量子领导力体现在个人和集体领域。量子领导力不仅涉及个人生活中自我管理和创造力的调整，也指在集体中——无论是我们的家庭、公司还是政府——推广这种调整。这是量子领导力的脉动。

在急需应对个人和全球层面挑战的幸福时代，量子领导力是对领导力思维模式的表述。正是通过量子领导力，人类将开创新的可能性和前进的道路。量子领导者在积极寻求解决方案的同时，管理着创造可持续繁荣而不是短期利益的事业。他们超越了对即时物质需求的追逐，而建立了优先考虑整体幸福和未来长期福祉的远见。

量子领导力代表商业世界中新意识的兴起。更重要的是，它代表了一种新的生命意识。让我们的内在之光自由闪耀，展现真实、自然的自我。毕竟，量子物理学告诉我们，我们本质上是一种意识的形式，由量子层面的生物光子构成。

量子领导力和意识的转变

爱因斯坦曾说过："我们不能在制造问题的意识层面解决问题。"这一思想对创造力和创新至关重要。如果我们坚持使用相同的世界观来应对新的挑战，我们所选择的行动方针也将是相同的，或者最多只是试图减少不良影响。如果我们停留在一个落后的意识状态，便无法为未来做出最佳选择，这与量子领导力的基础相反，这种状态通常被称为"匮乏心态"。而量子领导力需要将意识提升到更高的维度，提高我们的意识水平，发展出一种富足心态，使我们在做任何事情时都能看到新的可能性。

集体意识的转变可以类比于水的沸腾。当热量被吸收，温度达到沸点时，水就会沸腾并彻底改变形态，蒸发成气体。这不是一个渐进的过程。同样，阴阳是不可分割的；它们相互作用，就像太极图案中黑白的"鱼"相互追逐在永恒的圆圈中。这些直观的图像代表了对立面的相互联系，以及每一个极端如何包含相反极端的因素，以正弦曲线的形状不断振荡，生成万物的能量。当意识发生转变时，量子领导力就会出现。

当人们察觉到量子范式并将其无缝融入自我认知、思维和直觉时，这种转变便会发生。要让新的世界观真正成为我们的一部分，仅凭理智的认知是不够的。相反，我们必须从理智的认知走向更深层次的直觉层面，只有这样才能自然地对刺激做出反应。

当这些领导者将量子世界观内化后，他们会接受它，将它视为一种不可抗拒的自然力量，这种力量呼吁一致性——生存和前进的先决条件。正是这种一致性，使人们在追求共同世界观的同时实现协作，赢得挑战。考虑到挑战的系统性特征，创造力是必不可少的。

我们需要接受这样的信息，那就是我们所看到的物质世界，以及我们被误导的欲望，最终都是虚幻的。只有这样，我们才有机会转变意识，做出符合整体性福祉的选择，为所有人创造幸福。我们生活和创造世界的方式将会被进化能量引导，这种能量始终在自然地寻求统一和福祉。

按照传统，中国人相信进化能量有三个层次：天、地、人的能量。当它们协调一致时，内部的系统就会茁壮成长。在这三个层次的能量中，人可以驾驭自己的能量，拥有做出有意识选择的自由。这些选择可以朝着两个可能的方向发展：要么人的行动与天地的能量保持一致，维护整体性；要么朝着相反的方向发展，过分关注自我，制造分离。那些有能力朝着第一个方向前进的人将会觉察到生命的真正目的，并开启他们的量子领导力之旅。

培养量子领导力的旅程必须从自我领导力开始。我们可以用自我领导力来衡量商业和政治领导力。自我领导力是我们为了集体（如社会和国家）的利益而必须做出的选择和必须采取的行动。当我们改变自己时，世界也会随之改变。然后我们会发现生命的意义，采取进一步的行动，促进整体的幸福与和谐。只有通过意识的转变，我们在理智层面的理解才能转变为内化的世界观，我们才能在新的量子领导力时代，具备深刻的意识和行动的勇气。

量子领导者也是整合者，他们将看似不同的力量聚集在一起，利用集体能量推动转型，从意识上转向基于一体性和完整性的新型存在模式。几千年前，中国的圣贤就论述了这种模式。这种基于万物一体的存在模式，将修正当代煽动民族主义和部落主义倾向的力量。这种存在模式是量子领导力的关键，它将使我们避免沿着政治、种族、文化和国家界限上的"我们与他们"之间的分裂路线走下去，这些分裂对人类的发展非常有害。

要想在企业等更大的系统中发生变化，也需要意识上的转变。商业世界作为满足人类欲望的最有效机构，将在这种新范式的转型中扮演重要角色。提出社会企业家精神和"自觉资本主义"等想法，是解决市场和世界的外部转型问题的有用步骤。但由于这类措施需要意识的转变，我们必须努力促进内在的变化，理解每个人与彼此、与系统、与自然的深层联系。这些内在的变化将激活每个人对创造繁荣、共同发展的真实的、自然的向往。

量子领导力和量子范式

根据量子范式，所有物质都是假象，只是能量的集合形成了一种坚实的外表。一切都在不断地重建自己，向更复杂和一致的方向不断校准。我们是一个整体，生命就是一切，一切就是生命。进化和创造只能通过运动实现，运动的统一取决于人的有意识行动，以及量子领导力在这个过程中增加的智慧和价值。

如何通过进化过程实现生命的目的并持续为生命增值？它如何使我们与更大的系统保持一致？如何做出决策，以实现每时每刻的一致？平衡和整体性是什么感觉，我们如何知道已经达到了一致性？鉴于我们是具有物质形态的整体性存在，我们的身心是如何运作的？

在大多数神话传统中，大自然被想象成积极的沟通者，与树木和森林分享一种秘密语言，传达对自然与和谐的需要。"形态场"的概念可能会给我们提供一些关于这个过程的见解。

20世纪80年代初，英国生物学家、作家鲁珀特·谢尔德雷克最先提出了形态场的概念，其研究描述了支配形态、结构和排列的发展的模式。谢尔德雷克提出，每个形态单元内部和周围都有一个组织其特征结构和活动模式的"场"。根据这个概念，形态场潜在地支配着形态单元的形成和行为，可以通过重复相似的行为和思想来建立。

这个假设意味着，属于某个特定群体的特定形态将适应该群体的形态场，并通过名为"形态共鸣"的过程读取集体信息，以指导自身的发展。在这个领域中，沟通和联系影响着它的结构、排列和形态的发展。该领域不受空间和地理的限制，自然共鸣从中产生，不断校准并寻求和谐。

形态共鸣是一种反馈机制，在场和形态单元的相应形式之间接收和传递信息。相似程度越高，共鸣越强，导致特定形态的持久存在。换句话说，形态场的存在促进了一个新的相似形态的存在，它是连贯的，不断扩展，加入更多形态单元到领域中。当我们转变意识，并与该领域合一时，就会提高对场中的信息如何寻求建立新的网络和扩大形态的敏感度。作为量子场域的一部分，量子领导者可以利用形态场的错综复杂的连接和信息，最终为普遍的进化增值。

当能量水平达到顶峰时，系统就会翻转，启动"分岔"过程。在一个有机体中，当一小群细胞发现了一种新的解毒和接受营养的方式，并很快在构成细胞的所有网络中传达这一信息时，"分岔"就会发生。

"分岔"是系统理论中使用的一个概念，涉及对具有恒定输入和输出的复杂系统的建模。这种能量和信息动态流动有可能将一个系统驱动到不同的状态。在混沌吸引子的支配下，一个不稳定的系统将充满新的和不可预测的行为。那么，"分岔"所描述的就是这些混沌吸引子出现的临界点或不归点。

长期以来，人们一直认为社会系统的运动需要一个临界质量。然而，这种运动是不可持续的，因为它关注的是需要终止的东西，而不是需要建立的东西。虽然这种运动可以提高人们的意识，但它们很少能自己产生可持续的变化。相反，变化来自于意识之后的行动。以意识为动力并超越意识的行动，才会带来改变。

分岔理论也同样从行动的重要性中得到启发。该理论认为，一小群已经意识觉醒的领导者能够针对共同的挑战采取相应的行动，建立一个通往变革和最终解决方案的中心，这就是达到了临界点。

换句话说，变革的支点是由创造新未来的愿望所激发的行动。有意识的群体是必要的，但并不是带来变革的充分条件。根据美国社会学家威廉·布鲁斯·卡梅伦（William Bruce Cameron）的看法，"不是所有能被计算的都有效，也不是所有有效的都能被计算"。这句格言在文化评估方面经常被引用。在另一个名为"关键酵母理论"的框架下，社会变革的构建需要一种不同于临界质量概念的策略，而临界质量概念通常被用于激发共同的社会能量。这样的策略是什么样的呢？

在当今时代，系统的整体性是我们进化的方向。多种联系必须在全球所有系统中同时发生，以协调一致的方式来利用变革的能量。英国畅销作家马尔科姆·格拉德威尔（Malcolm Gladwell）在《临界点》一书中提出了临界点的三个特点：首先，想法是有传染性的；其次，一些看起来很小的东西将产生重大影响；最后，当变化发生时，它将突然发生，在瞬间改变一切。

因此，重要的启示是，激活范式转变的不是数量或质量。即使大众的觉知对于最终产生重大影响是必要的，但从根本上说，是行动背后的思想意识在催生转变，通过改变系统的核心，创造一个理想的未来。鉴于这种转变的系统性，以及量子技术推动科学发展的速度，其结果将是突然的、惊天动地的。

综合这些概念，我们可以得出一个新的变化理论的雏形。在关于进化和整体性的量子理论领域中，当我们的内在召唤引导我们走向运动和改变时，量子领导力就会产生。当我们在一致性与和谐的方向上选择我们的行动路线时，这种变化将影响到其他人。当这些行动路线被证明有助于集体和谐时，它们将吸引更多人加入，并对我们周围的世界产生更大的影响。然后，变化的过程也将影响其他系统。

取决于系统在整体中的位置，其转变有一个本体论意义上的门槛。一个"系统"可以是一个人，可以是他们所处的任何更大的组织，也可以是全人类。当一个系统找到它与另一个系统的连接点时，它的变化就达到了阈值，跨越了鸿沟，实现与下一个复杂系统的统一，从而使其进入下一个意识状态。

与更多地投资于"谁"而不是"多少"的"关键酵母理论"类似，我们也必须追问以下问题。谁，即使不是志同道合的人，也不是走得近的人，有能力使事物呈指数增长？不管是什么样的门槛，当我们找到与彼此联系的能力时，我们会自然而然地开始与对方合作，并与对方成为一体。从较小的社区开始，转变将缓慢但确信无疑地影响整个人类社会，并引起大规模的范式转变。

另一个强大的、经过充分研究的机制是"玛赫西效应"，这是一项旨在提高一群人的意识的非正式社会实验。对在城市、州、国家和全球范围内进行的 15 项已发表的研究的回顾发现，有强有力的证据表明，哪怕只有 1% 的人口练习冥想，整个地区的犯罪率也会下降，生活质量也会提高。这种现象反映了个人意识如何影响集体意识，并在系统层面上对其进行重塑。

尽管我们不知道人类社会需要多少量子领导者才能到达"分岔点"，但似乎可以肯定，当量子领导力到达这个门槛时，新的量子范式将快速传播，使我们突然跨过本体论意义上的鸿沟。无论领导者的确切比例是 1%、2%、20%，还是任何其他数字，都将不那么重要。相反，"谁"，以及能量的强度才是最重要的。

本体论鸿沟

量子领导力是一种进化的能量，它的出现是对当今世界的裂痕的回应。利己主义和不道德的行为在市场经济中盛行，而地球本身也受到可持续性挑战的威胁。然而，人类是本性善良的社会人，会自然地寻求与集体和他人的联系。事实上，在这样一个时代，正如亚当·斯密早在 18 世纪就提出的，我们与生俱来的道德情操将被唤醒，宇宙的整体性和爱会激发一种量子觉醒，并使其蔓延到各个方面。

量子领导者们是那些通过探索内心，相互协作和提升意识水平，启动这一进程的人。他们正是那些选择接收信息的人，他们愿意在影响他人之前先在自己的内心做出改变。这不是一个在个人层面上以线性顺序展开的过程；相反，它是具有系统性和传染性的。量子领导力是随着系统内单个单元的转变开始出现的，这种转变影响着与之连接的领域。随着量子领导者的觉醒，将他们团结起来的共同目标将开始影响其他人。单个单元将成为机构，然后连接成机构的网络。这个过程不断扩展和重复，直到吸引子达到一个临界点，跨越本体论鸿沟，并进入下一个更大的系统。

根据本体论鸿沟的概念，达到临界点意味着碎片化、机械化和功利化的存在概念受到拷问和挑战。就企业和公司而言，本体论鸿沟被跨越，意味着一个公司已经意识到他们习惯性的观念和行动方式与存在的整体性和连通性本质之间没有联系，这通常被表述为"可持续性挑战"。从系统上来说，公司自然而然地通过提升意识水平，重新规划商业实践来寻求新的联系，新的意识在未来也会不断发展。

在中国传统文化中，人们认为成功取决于"天时、地利、人和"，即空间、时间和人的协作，是所有核心元素的和谐状态。如今，我们已经处于这样一个阶段：我们对科学的态度更加全面，更加包容，科学发现比以往更有效地将我们的目的和福祉纳入生命框架。换句话说，我们已经非常接近成功了。

为了寻求理智和直觉的统一，量子领导者们选择了富足心态，抛弃了制约领导者潜力的匮乏心态。这种富足心态是一种成长型心态，推动了建立集体未来的行动。除了将多余的火苗掐灭以外，这种心态更是主动的、创造性的、综合的，而不是被动的或防御性的。在成长状态下，量子领导者将超越生存和享乐，最终带着目的和意义生活。这种进化与中国的生存、生活和生命的概念相一致。

提升意识的过程将得到来自不同文化和精神传统的古老智慧和哲学体系的支持，使我们能够以完全不同的方式与自己和自然环境相处。自然是一个动态过程，在这个过程中，一切都在不断地、动态地与整体保持一致，反映出多样性中的协作。我们对这种自然运动的实质的认识正在觉醒。在不知不觉的协作中，万物在不断变化中蓬勃发展。这样的世界观承认人类和非人类生命的内在价值，认识到所有的生物都是这一生态社区的成员，在同一个网络中相互依存。

在我们这个时代，这种存在方式与人类不断演变的特质以及企业在传达价值观、期望和文化规范方面所扮演的角色有关。经济学是政治、社会、技术和环境进步的基础，它不能被简化为任何固化的观念。但如果有一种观念与我们的当代现实相关，我们应该称之为"生命主义"和"幸福主义"：在这个生命的时代，我们因为共同的世界观和为生命增值的共同使命团结在一起。

因此，分岔是由这种生命主义和人类进化能量的转变所支持和推动的。我们所需要的是让世界上一小部分人认识到，每个人都存在潜在的共同的生命目的，从而促进变革。量子领导者开始改变他们的生活方式，重组他们的经营模式，并开启一场内在的旅程，帮助人类社会达到临界点。很快，其余人也将走到一起，跨越本体论鸿沟。

另一个推动因素是技术进步，它将促进这一飞跃。我们每时每刻都在看到新的创新出现，为跨越不同地域的连接和沟通创造了以前无法想象的可能性。

元宇宙就是这样一个例子，我们可以在其中打造任何类型的虚拟体验。它提供了一个统一的平台，打破了物理和空间的界限。一切都可以在一个虚拟的空间里构建，为人类的联系、合作和创造开辟了全新的可能性。它将为人们提供新型的共享经验，通过这些经验，量子领导者将能够团结人们，为他们的共同愿景服务。当我们超越了让彼此分离的空间界限时，元宇宙将以前所未有的方式将我们呈现在虚拟世界中。当物理上的分离被根除后，转变思维方式和促进普遍的觉醒将变得更加容易。元宇宙对我们如何表达创造力和如何影响他人有着深刻的影响。我们现在不是在创造产品，而是在有形的创造之前，率先在元宇宙中创造现实和经验，重新连接我们的神经回路——让不可能成为可能。

此外，元宇宙将激发新的创造力，并彻底改变几乎所有事物的分布和可及性。工业化和物质创造将以前所未有的方式被重新定义。我们所有的流程，从基础设施建设到食品生产，都将被彻底改造。这是在量子领导力时代可供部署的另一种资源——当以更道德的方式部署时，我们的生态系统将被彻底改变。

个人、家庭、企业、国家、自然和环境都是生态系统的重要组成部分。尤其是企业，必须考虑到个人和社会的福祉。企业是以最有效的方式为人类服务的机构，是最重要的共享资源管理者。由于企业扮演了创意整合者的角色，它最有潜力带领人类进入新幸福时代，在这个时代，"人类和其他生命形式将在地球上永远繁荣"。只有通过创造生命和为生命增值，企业才能与市场对接，推动服务于幸福的经济活动。企业应该通过促进爱、团结和和谐的文化来引导市场，取代目前从贪婪、虚荣和无知中获利的资本主义模式。

在一体和整体中，不可能存在本体论鸿沟。当量子领导力出现，达到临界点，并跨越本体论鸿沟时，这种世界观就形成了。

内在的生命之旅

如果人类本质上是善良的、有爱心的，那么什么地方出了问题？今天的我们似乎失去了表达爱的能力，也没有能力展现同理心和拥抱集体的利益。相反，每个人都沉迷于自我之中，对未来充满恐惧，并为过去所累。一种自私的、破坏性的"我赢你输"的哲学似乎在指导着我们的道德和行动。但我们不需要惊慌。即使是这种情况，也不过是正常的进化过程，是一种创造新生命的运动，就像"阴阳"一样。没有这些斗争，任何东西都不可能进化，也不可能出现新的创造。

社会行为的发展是为了维持社群的一致性和社会秩序。在现实中，受环境影响，我们的行为与我们固有的善良和爱的本性相去甚远。这种影响事实上已经控制了我们的行动，以至于我们中的许多人做出的选择是由无意识的灌输而不是有意识的意愿所决定的。

神经科学认为，95％以上的决定不是我们用左脑思维有意识地做出的，而是由潜意识和无意识思维做出的。鉴于有这么多事情发生在意识之外，我们更有必要持续向内探索。这是一个高度精神化的过程，通过这个过程，我们将以一种非常不同的方式看待世界和与世界互动——决定思想情感的系统性右脑将驱动由左脑思考引发的"行为"。

要理解量子领导力，关键是要理解心灵是如何工作的。要认识到神经重塑的效果并完全内化这些变化并不容易。即使我们的大脑正在接受重新布线，旧配置的痕迹仍然存在。我们必须通过一场内在的旅程，发现自身的问题，改变我们的行为和思维方式，从而实现一致性的变革。量子领导者的身体能治愈和加强他们对新信息的接收能力；身体的能量变得更轻。随着神经连接的有意识改变，我们的整个世界观也会发生神奇的转变。

所有人的内心深处都有善良、对连接的需求以及归属需求。我们希望每个人都好，因为在内心深处我们知道，只有其他人都好，我们才能好。我们内心有一种与生俱来的智慧，所以当我们被赋予良好的意识时，我们会倾向于以一种服务和促进更大利益的方式来行事。

但是，从我们出生到今天，由于许多事件和思想流派的介入，我们逐渐形成了一系列条件性偏好或无意识行为，它们与我们最初设计的关于善、爱和同理心的目标完全相悖。

沉思科学的发展使我们对大脑及其反应有了更清楚的了解。在成瘾和创伤领域广泛开展研究的加拿大心理学科普作家加博尔·马特博士（Gabor Maté）解释说，孩子通常有两个基本需求：依恋和真实性。作为社会性和关系性的动物，人类自然寻求社会联系。这在儿童渴望与他们的父母和大家庭建立社会联系和纽带的过程中是可见的。儿童居住的环境，以及他们收到的信号，将塑造他们的存在和行为。这将在他们成年后成为他们用来与世界互动的身份。

人类的第一个基本需求是依恋，与爬行动物不同，人类自然地渴求与其他人保持亲近和亲密。除了依恋，真实性——忠实于我们最深层的意图——也是一种巨大的需求。真实性和依恋一样重要，使我们能够与保护我们免受伤害的直觉相联系。

这两种基本需求与我们的条件性偏好有什么关系？当我们出生时，我们用新的眼睛观察物质世界；认识是直接的、发自内心的。当我们开始基于一系列经验构建我们的世界时，问题就出现在社会化的过程中。在成长过程中，我们认识到被接受的重要性，首先是被我们的父母和我们的大家庭接受；其次是我们在学校、工作场所和社区中被接受。

我们常常被逼着为了依附而牺牲我们的真实性。一个最原始的例子，也可能是很多人都可以理解的，就是父母对孩子的惩罚，强迫他们坐在角落里，直到他们停止哭泣。通过这一经历，孩子们了解到他们没有被允许哭泣，因为哭泣将以对父母的依恋为代价。我们学习到，为了让人喜爱和接受，我们必须压制真实的自我。我们可能会为了被社会接纳而构建一个外壳，这个身份最终会变硬，决定我们如何看待这个世界。

随着时间的推移，我们可能会与真实的自我失去联系，开始相信我们所构建的有条件的"自我"。这些形式的条件反射塑造了我们看世界的方式，对我们自己和社会产生巨大的影响。在建立了受社会影响的人格后，个人反过来又在一个恶性循环中管理和控制他人。

但是，社会条件并不是永恒或不可逆转的；我们可以选择扭转和撤销它。因此，为了准备迎接新时代的挑战，我们不应该等到社会及其机构发生变化。在仍然可控的阶段，我们必须开始这场向内探索的旅程，让自己在纷繁的世界里安静下来，这样才能从远处观察噪音的源头，并与真实的自我重新连接。

人类被创造得很好，因为有天然的防御机制，不断扫描我们的环境以实现趋利避害。但是，这些机制在某种意义上说，由于我们过去的经历形成了一个巨大的数据库，锁在我们的身体和头脑中，使我们过度工作，负担沉重。当负面经历持续累积时，我们的身体会将气味、触觉和其他感官刺激与创伤联系起来，吸收到身体中，这种经历形成了联想，当重新激活时，会引发我们的内脏反应。我们可能会讨厌一个一生中从未说过话的人；我们可能会根据他们的长相或举止来评判，仅仅是因为它触发了我们内心的一些不为人知的东西。这些自动的、无意识的反应是创伤的一种形式。创伤并非直接被加诸到我们身上，而是由我们的经历引起的内在反应。

这些习惯和行为是自动的反应，在我们的无意识存在中占据了优先地位，从而在我们的内部和外部世界之间造成了一种脱节。我们的无意识能以闪电般的速度对外部刺激作出反应，就像对过去的经历作出反应一样。对于受创伤制约的无意识来说，过去的事情似乎在现在被复制了，我们的心希望避免曾经没能抵御的伤害。这些创伤在我们的内心世界制造混乱和噪音，让人难以忍受。我们中间的许多人与自己的核心之间有一种尖锐的脱节感，这并不奇怪，我们失去了与生活意义、真实性、思想、道德和意图连接的能力。

我们对真实性的疏离导致了前所未有的生存危机。无数人感到自己毫无用处，努力寻找新的方向和目标。答案其实就在我们内心，只需要向内探索就能找到。几个世纪以来，我们一直在探索外部世界，现在我们的注意力必须转向内部。

我们如何到达那里?

这是一个放下学习和重新学习的旅程，重建与我们内心世界的联系，提高对身心以及它们之间的联系的认识。与真实的自我重新连接是这一旅程的重要组成部分，这些做法在大多数古老的传统中都存在。而东方基于意识的修炼方法在现代意识科学中找到了共鸣。我们更深入地探索了中国的传统方法，因为它是一种从自我到集体的关系模式，即"修身"。

一切都从个人的意识转变开始。中国道家文化经典《道德经》将人的心境分为几个等级。

当我们与自己、他人和环境的关系出现问题时，联系就会丧失，混乱就会发生。重建关系是实现幸福的唯一途径。"道"（或量子世界观中的源头能量）不断扩展，创造出新的和更复杂的系统。作为人，我们如何参与，以及我们需要忍受多少痛苦来实现调整，都在我们的控制范围之内——我们必须做出正确的选择。

尽管量子世界观与中国文化中"道"的核心概念有共鸣，但它并没有提供关于如何生活的实际规则。中国传统文化则包含了深厚的智慧和实用的建议，提供了一个几千年来被证明有效的、经过考验的框架。综合量子世界观和中国古代文化的智慧，可以为我们提供一个参考，以便在现代实践正念、道德的生活。

所有的内在习练都涉及倾听。为了倾听"道"，我们必须让自己安静下来。我们倾听它，并进一步向内探索，最终，我们将能够利用这种能量，发挥我们的创造天赋，同时探索内部和外部关系之间的联系，以及它们之间微妙的博弈。转变和提升自己，达到更高的意识状态。这一过程将通过踏上一场生命的旅程来实现。

向内进入自我的最深处，从肉体到精神和情感，最后到生命。我们与真实的自己变得越来越统一，在一体的状态中，了解到生命就是一切，一切就是生命。

在沉思科学中，冥想状态会让心灵自我治愈。科学家们试图解释冥想的过程，他们观察到了参与学习和记忆过程、情绪调节、自我参照处理和透视的大脑区域的灰质浓度变化。从科学和生物学的角度来看，精神启示的经验转化成了神经线路的转变，即左脑和右脑之间的连接。

当量子领导者改变他们的价值观时，他们会花大量的时间在定静上，有意识地选择进入冥想状态而不是放纵和享乐的生活。精神上的成长就发生在这种定静状态下，创造力也由此产生。新类型的冲动和动机出现了，不是由欲望而是由目的驱动。它们把量子领导者带回到源头，看见现实的整体性。

事实上，真正阻碍进化的是我们的"小我"（ego）。小我以自我为中心，也是个性的来源。过度膨胀的小我阻挡了谦逊和学习的可能性，制造了一个紧密的封闭系统。尽管我们告诉自己，小我是一个"故事"，是我们强加在生活中的对自己的定义，但它一旦扎根于心灵，就很难消除。我们必须不断地开放自己的系统，使其具有更强的接受能力，并接受这样一个事实：小我不是真实的。小我必须为我们服务，而不是反过来。

人们通常允许自己被欲望和偏好所引导。接受来自外部世界的刺激，这些刺激塑造了我们的情绪，我们通过思考"我想要"来做决定，并思考我们必须采取什么措施来获得和拥有我们想要的东西。

然而，量子领导者超越了"我想要"，达到了"我希望"和"我梦想"。量子领导者不再被他们的欲望所左右，而是根据他们所怀有的愿望和愿景来做决定。易变的情绪和欲望可以比作大海中的小浪花，而愿望和梦想则更像无边无际的海洋本身：具有整体性、集体性和无限的创造力。

除了愿望和梦想，量子领导者还学会了"我关心"的价值。虽然关怀是作为独立个体的他们表现出来的，但它是在集体的进化中得到引导的。关怀在量子领导者与他人关系中的表现方式反映了他们的价值体系。他们所表现出的关怀在个人和集体之间建立了联系，将

"我"置于"我们"之中。

创造力对于量子领导力是至关重要的，当我们与"道"——进化能量的来源——相联系时，创造力就会产生。它是人类意识的一种构想——为创造资本和资源找到新的、创新的解决方案是必要的。当量子领导者有创造力时，他们的身体只是传递和实施这种创造力的媒介和容器。

正是在一个充满创造力的环境中，量子领导者获得了看到源头的能力，理解了从不同的背景过渡到新的量子时代的意义，并领会他们的使命。把系统理解为一个整体的结构，量子领导者看到自己和他人如何在更大的整体中发挥作用。他们看到了自己必须走过的旅程，知道要怎样才能到达"那里"。有不同层次、不同目的地的"那里"，量子领导者需要用战略思维来决定哪个是最好的。

因此，量子领导者使他们的行动与进化的方向保持一致，以达到他们的目的。一旦他们在内部保持一致，就必须开始一个面向外部的调整过程。这意味着与他人接触和合作，因为没有合作就不可能朝着共同的目标前进。他们必须参与到大局中去，以宏观的视野看向全局，了解他们的使命所在。无论是通过启发、谈判还是愿望，量子领导者都会形成一种共同的语言，将新世界带入现实。领导力不过是创造性宇宙的推动力。

量子领导者的觉醒改变了他们和他们周围人的意识。他们的调整总是朝着最终的一致性发展。具体来说，正如我们所看到的，这也意味着他们通过这些经验重新连接他们的神经通路和回路，以适应新的觉醒。总而言之，重新"接线"需要修身的实践，与"道"连接，即响应使命背后的创造性进化能量。

修身的实践

向内的探索需要定静，修行需要进入冥想的状态。无论一个人是否与冥想有精神上或生理上的联系，重要的是了解在冥想状态下发生的重大生理层面和能量层面的变化。对于有经验的修行者来说，冥想有可能将自己带入超越身体和心灵层面的状态，其方式无法用经验设备来衡量或量化。因此，沉思科学为一种新的科学范式奠定了基础，对主观的、不可量化的意识领域展开了科学探索。

无论我们在精神上是否活跃，是否在休息，是否在睡觉，大脑总是保持一定水平的脑电活动。冥想所产生的脑电波的变化更多的是与清醒时的注意力有关，而不是与在沙发上休息有关。尽管一般人在"顿悟"时刻都可能产生伽马波——脑电波的最高频率，但有经验的冥想者的脑电波看起来与普通人有显著的不同。我们可以得出结论，这种特殊的意识状态不同寻常，是我们还没有完全理解的科学领域中的一种前所未有的现象。

研究冥想对人体的影响的科学通常被称为"沉思科学"。然而，围绕沉思科学的定义却尚未有共识。2016 年发表在《心理学前沿》上的一篇论文中，多吉·杜萨纳（Dorjee Dusana）提出："沉思科学是一门跨学科的研究，研究心灵的元认知自我调节能力和相关的生存意识模式。它是心灵的一种自然倾向，能够对心理过程和行为进行内省，是有效的自我调节和幸福的必要条件。"

尽管科学发现不多，但关于冥想的事实是不可否认的。冥想的过程建立在两个强大的支柱上：身体的静止和呼吸的宁静。我们如何准备我们的身体和呼吸极大地影响了冥想的深入。平衡这两个方面可以使我们的心灵安静下来，转向内在。然后，我们可以退后一步，远远地观察，而不是用我们的五官来参与外部刺激。当心向内转时，它逐渐汇聚成一个点，同时变得更稳定和更放松。在这个专注阶段，头脑的敏锐性和柔软性同时被体验到。当我们保持这种专注状态时，观察者和被观察者最终融合在一起，并达到冥想的状态。

通过我们的心观察感官的能力在禅修的道路上非常重要。由于通过感官知觉系统的信息覆盖或掩盖了我们的内心世界，因此心灵不断被感官和它所接受的刺激向外拉扯，因而疲惫不堪。当我们退后一步，从远处观察感官时，就能站在外部和内部世界之间进入自然的休息状态。

最重要的，也许也是最不被理解的感觉，是空间中的自我，也就是所谓的本体感觉。当这种本体感觉得到控制时，其他的感觉就会退到背景中去，创造一种纯净的放松状态，这一过程可以被描述为"观照"。

感觉信息消散了，分散了思想。但是，当感官暂停工作时，内在的旅程就开始了。在内部，头脑和身体连接起来，从这种连接中的清晰感中，我们的选择和行动将自然地显露出来。深度放松的过程是给心灵充电，而不是持续地消耗心灵。

在古代，射箭是与冥想同时进行的。事实上，这两种做法之间有许多相似点。冥想的过程可以比喻为将箭瞄准目标的过程。如果注意力集中，身体就会保持紧张，呼吸就会变浅，手臂就会颤抖，箭就会不可避免地被射偏。相反，运用横膈膜呼吸法和高度集中的注意力，使整个身体参与进来，便会成功。手离弦的一刻，这个过程是不可逆转的——目标将被击中。箭和靶心融为一体，观察者和被观察者合二为一。

当不费力的专注状态被保持和加强时，我们就进入了冥想状态。由于只有在与事物的本质分离时才有语言和标签存在，所以用文字描述达到一体和统一时的冥想状态几乎是不可能的。

用"不是什么"来定义冥想更容易一些。冥想不是思考不同的激励性概念或想象图像和物体的行为。它不是试图抓住你的思想或阻止其流动。它不是一种催眠或自动暗示的状态，不涉及对头脑内容的编程或操纵。相反，古往今来的圣哲和先贤曾说，冥想是催眠的反面；它是一种清醒的状态，不受暗示或外部影响。冥想时，人们只是观察心灵及其思想和情感，让一切都安静下来，进入深度定静。

冥想不是一种宗教仪式，而是一种向内旅行的实践，这是一个在各个层面上自我发现的过程，可以帮助我们获得关于生活目的的存在主义问题的答案。冥想与个人的忍耐力有很大关系。如果一个人在冥想时难以静坐或保持清醒，那么将冥想时间缩短可能更有效。如果我们把冥想与身体的挣扎和痛苦联系起来，就会产生反作用。在这种情况下，我们可以选择在重新尝试冥想之前，回到最初的步骤，提高对身体和呼吸的关注。

冥想不仅是一种压力管理的工具，它远不止于此；它帮助我们在生活的混乱中保持不受干扰和安静的状态。当我们处于定静的状态时，冥想使我们能够接触到生命旅程中内在的智慧和洞察力。通过一个超然的观察者的镜头看世界，可以瞥见新的可能性，使自己的创造力得到发挥。这些我们都渴望的品质，其实是属于人类的天赋，属于我们每个人。冥想打开了一扇超越自我的大门，让我们看到了更重要的东西：统一性、一致性和意识的本质。

为了从冥想中收获尽可能多的好处，我们必须把它变成一种定期的练习，并把它纳入个人的日常生活。我们也可以通过其他有关连接的习练，来进入内心世界和冥想状态。中国传统社会有"文人八雅"，恰好解释了当今许多修身习练的古老起源。这八种活动分别是：琴、棋、书、画、诗、酒、茶、花。所有这些都被认为是有意义的生活和高雅生活的必要条件。每个人都有自己的偏好和倾向，关键是要找到适合自己的舒适的做法。这可能需要时间，但不应该把时间当作失败的标志。只有通过尝试不同的练习，并与我们选择的练习建立一种习惯和连接，我们才能发现真实的自己。当我们找到适合自己的练习时，我们距离找到生活的真正目的就更近了。

中国文化中存在着另一种系统性关系的生命旅程，一种通过儒家伦理体系来表达的旅程。在该体系的基础上，形成了道家的长寿、自由和健康的传统，以及佛家的达到解脱和结束所有痛苦的法则。就集体而言，旅程的目标是建立一个和谐的人类社会，这在中国传统思想中被称为"大同"，即人类的终极共性和自由。对个人而言，旅程为充分表现创造力创造了空间，使我们能够在维护整体性的同时充分发挥自己的潜力。

生命之旅的目的即"天人合一"——顺"道"而行，这是中国人最基本的人生愿望。要做到这一点，就要在自己与内心、与他人以及与自然环境之间找到和谐。

随着越来越多的量子领导者实践这些形式，参与协作，并带领其他人加入同一个旅程，朝着一个共同的目标前进，量子领导力的觉醒很快在整个系统中传播开来。它把越来越多的人联系起来，组成一个和谐的整体，直到达到临界点并跨越本体论鸿沟。在那一刻，意识的改变将在整个人类社会中回响，并以越来越快的速度发生。

第二部分

善经济的未来

　　在这个关注幸福和快乐的新时代，我正在经历一场探索生命的终身学习的旅程，并由内而外产生影响和改变。在本能驱使下，我一直在保持着固有的生活方式。然而，当我打开心扉，我看到了新的可能性。一切都改变了，从我的世界观和观念到我的行动和习惯，我发现了一种通往繁荣和喜悦的新生活方式。意识到有目的生活的能量，经由正念生活，我确信我们拥有创造和不断为整个集体增值的自由。最终，我的力量源于我的内心，在我灵魂的最深处，我发现了生命的目的、创造力和行动的必要性。

第四章

从整体宇宙、物质世界和我们，到新的幸福理论

我们如何理解幸福？要理解幸福，我们必须看向生命的基础——整体宇宙、物质世界和我们与它的关系。通过弄清这些结构性问题，我们可以理解一种理想的、新的生活方式。

重新审视人类的存在

随着现代科学发展与人类意识的交汇，我们不得不面对自我存在的意义。人类仍然是地球上最具自我意识和觉知的存在，具有观察、分析和评估我们的生活和目的的能力。我们提出问题，是因为我们有自由意志和选择的力量。这种力量使我们更有

必要解决最紧迫的存在问题，这些问题定义了我们作为人的特质。

当我们思考存在时，通常习惯于从问"我是谁"开始。我们自然而然地认为，探究我们的存在意味着找出我们是谁。然而，这只是因为在当前的意识水平，我们所理解的现实是根植于物质世界的。当我们接受新的量子世界观时，存在问题将发生根本性的变化。我们将不再问"谁"，而是问"什么"。我们将追问我们是什么，生命是什么。

从"谁"到"什么"意味着从"我"到"我们"的转变，这是人类成熟的象征。我们在探索现象学问题时使用"什么"而非"谁"，这是意识提升的反映，而非个人独立身份的问题，这旨在探索我们与宇宙的关系。

我们是什么？生命是什么？

我们不过是意识。我们可以有任何呈现形式，因为所有的形式和生命都是由意识创造的。当生命是我们拥有的一切时，人类所做的一切都是为了生命的持续和繁荣。在这个方程式中，并不存在"谁"。

在中国传统文化中，生命是由天地之气和合创造的。所有生命都有一个志向，即追求生长和创造。人类只是宇宙中分离出来的一个意识单位，并与以幸福为中心的运动相契合。人类同时也是进化的最前沿，代表着地球上最有价值的生命形式。当我们参与生命的创造时，我们与"道"共舞。

人是不同层次的意识的表现，这个观念在中国和印度哲学中都有所体现，比如佛教经典《金刚经》中提到的"五眼"和吠陀哲学中的"五鞘"。通过探索这些传统，我们将从心智和身体的角度认识自己。两大古老东方传统的结合代表了一种全面的自我探究方式。

"五眼"的概念提示我们，在可见的现实之下，存在着更多层级的世界和意识形式。对视觉的强调让我们想起中国人常用的"明心见性"一词，意为"用清澈的心灵看到自我的本性"。

数字"五"也出现在吠陀哲学中。构成印度教和瑜伽哲学基础的古老的吠陀哲学指出，每个人都有一个物质身体、一个精微身体和一个因果身体。三个身体包含相互关联、相互依存的"五鞘"（koshas），五层鞘像套娃一样层层叠加，覆盖着"真我"（Atman）。吠陀哲学认为，为了过上幸福的生活，必须照顾好"五鞘"。

冥想可以帮助我们回归幸福的初始状态，识别出每层鞘包裹的内容。这样做，我们就会明白"自我"不能被简化到单一层面，由此一步步深入纯粹的意识。同样的，深入自我，我们就能够看到更多。

探索"五眼"、"五鞘"和不同的意识状态的过程，也是从不同世界观出发，达到每个人内在潜藏的终极世界观的旅程。这一点正在被将物理学和形而上学无缝地连接为一个完整、连贯的整体的意识科学所接受。在这种状态下，我们认识到自己更多的是属于精神而不是物质的存在，我们利用创造现实的力量；当我们知道我们能创造——相信我们能创造——时，我们就会进行创造。

探索"五眼"、"五鞘"的旅程也是发现选择和信念的力量的旅程。如果我们对愿景有信心，那么没有任何困难是无法克服的。我们将利用无限的可能性和创造力来实现新的现实。东方传统证实了关于意识的量子范式。从道教和佛教、中国传统实践、印度瑜伽实践到量子科学，关键都在于认识到人类具有选择的能力。

现在是时候了，我们必须做出正确的选择。人类正处于通往新时代的十字路口，需要共同的语言和信念。每一刻都是未知的，因为我们的选择会影响整个系统；系统必须不断重新校准自己以恢复一致性。

生命的目的是什么？

因为生命是意识，所以我们参与创造。鉴于量子世界观是整体、一致、和谐的世界观，我们也是进化的一部分。人类的目的是通过不断提高意识状态来完善我们的复杂系统，并向更高层次的整体性和一致性发展。我们积极地参与进化，将能量循环从低频转化为更高的频率，其物质形式是一个连续的过程，即从分离到整合为更完整、更复杂的生命结构。

《道德经》中的一个重要概念是"无为而无不为"，意思是"不做而一切自成"。这并不是字面意思上的"什么都不做"，这是一个常见的误解。相反，道家呼吁我们倾听和跟随生命本源，这样一切才能顺势而为。如果与"道"并行，则一切皆有可能，并且都是可行的。从我到我们，从部分到整体，我们了解到，对于整体有益的事情对于所有的部分都是有益的。因此，我们应该努力达到一个状态，在不加强我们的愿望或意志的前提下，我们的思想不局限在部分，而是放眼于整体，加入更高层次的整合。这是一起创造的源头与基础。

我们当前的人生目的是参与八十亿人的复杂系统——"人类"这一新的生命体系——的演化和统一。整体性是真正不可改变的现实本质，参与系统的进化和统一是为了更大的整体幸福，爱和同理心则会引导我们做出这一选择。爱能够净化我们的意愿，使我们能够与整体的进化过程协调一致。

在个体层面，我们可以通过培养自我意识，履行我们在进化过程中的角色，表达爱，向整体的一致化迈进，从而实现更大的目的。我们需要首先保证自己的良好状态，才能保证一个更大系统的正常运作。在量子时代，这超越了单纯的身体健康，而是指一种幸福的状态。

我们要做什么？

正如我们所看到的，人类在生命的进化中扮演着积极的角色。在自然界中，一切生命都有自己的位置——树木、鸟类和蜜蜂都扮演着对所属生态系统做出贡献的重要角色。人类的行动也与所有其他生物密切相关和互相作用。能够理解并定位自己与自身角色的关系，是人类特有的能力，因为我们是地球上最具创造力的生物，具有最大的自我意识方面的潜力。

世界观可以有两个方向，走向分裂或迈向统一。毫无疑问，每个国家和民族都担心不同世界观的对立，因为这似乎对它们的完整性构成威胁。不同的世界观是今天困扰着人类的所有冲突和战争的核心。

在新的量子世界观中，有一个共同的信念具有将我们团结在一起的潜力，那就是生命正在朝着统一的方向演化，我们可以为生命增值。如果我们都相信这是我们存在的目的，就可以实现从"我"到"我们"的转变，从个体走向集体。毕竟，我们的信念构成了我们的世界观，指导着我们的思想、意图和行动。

相信这个原则意味着个人不仅会为自己创造价值，而且会努力为他人的生命增值。由于整个系统的健康是由每个部分的健康组成的，我们必须找到一种重新组织人类社会的方式，以便可以公平地一起进化。如果以正确的精神回应我们的内在使命，人类社会的大图景会成为我们所有行动和决策的基础，让我们理解自己在一个超越自我的系统中的位置。一个共享富裕的时代正等待着我们。

为自己的生命和他人的生命增值的能力，可能是人类与其他所有现有生命形式的区别所在。然而，我们必须先进化我们的意识和对整个人类系统的认识。

未来的创造取决于每个人有意识的选择。要与宇宙和"道"的能量保持一致，我们必须与他人合作，通过创建服务于觉醒状态的新系统来做出有意识的选择。我们必须提升每个人的意识水平，来塑造一个新的未来。

迈向新的幸福模式

在中国的传统道德和伦理体系中，幸福是指每个系统本质上都自然地进行校准和重构，从而走向协调和全面繁荣。在幸福状态下，每个部分都会在整个系统的运转中得到进化。

"自由自在"一词捕捉了中国对幸福的理解，指的是处于"自由和当下"的状态，对进化的自然力量毫无抵抗、保持开放。

因此，在"天人合一"的统一状态下，人类回归到追求一致的本性，参与协作，创造和谐。

在"天人合一"的背景下，所有系统不断校准、协调，一切都恰如其分。这意味着我们无忧无虑地生活在当下，没有压力。就像树木、鸟类和蜜蜂彼此协作一样，我们通过协作创造生命，自然地配合彼此，促进和谐。在"天人合一"中，我们打造了一种幸福的生活，抵达喜悦和幸福的状态。

人类与外部环境永远在进行微妙的博弈。然而，只有当我们处于内在的统一状态时，才能依照"天人合一"生活，感受"天人合一"的选择。我们的身体、精神、心理和情感都拥有自我调节的系统，使我们的身心可以与世界协调一致。

科学和古老的传统都认为幸福从来不是纯粹个人导向的，它平等地对整体做出贡献，并受到整体的影响。我们是较大系统的一部分，因此，如果整个系统不健康，个人也不可能健康。

相反，当整个系统处于良好状态时，包括人类在内的所有内部系统也都将良好运作。

幸福是一种协调、和谐的状态，我们需要实践，用措施和策略来确保我们的内在世界与外在世界同步，与整体宇宙保持一致。玛雅人有一些基于天象观察的实践，他们的生活习惯与太阳和其他天体的周期是一致的。在他们的宇宙学中，这些仪式和典礼指导着玉米的生长周期。同样的，《黄帝内经》是中国的传统医学典籍，是现代中医学的基础，当中记录了一种全面的幸福实践方法——药食同源。

个体的幸福也不应该等同于健康。前者是一种人生的愿景，后者被全球健康研究所（Global Wellness Institute，简称 GWI）定义为积极参与能带来整体健康状态的活动、选择和生活方式。根据 GWI 的定义，这种健康包括身体、心理、情感、精神、社交和环境健康。健康既是积极的，也是预防性的，由自我责任推动。我们所有人都需要成为自身健康的第一责任人。

因此，健康只是幸福的一部分，是对外部刺激的响应。幸福发生在更深的层面。当我们能够进入深层内心世界，形成新的更大的整体世界观时，幸福就会发生。这种意图，表现为追求幸福的旅程，不是由外部环境驱动，而是由内在的纯粹的爱驱动，这是我们的本质。

"健康"的反义词是"疾病"，中国古代思想和佛家思想都将其定义为"无明"。《道德经》这样论述了健康和疾病之间的区别："知不知，尚矣；不知知，病也。圣人不病，以其病病。夫唯病病，是以不病。"

生命之药使人类保持与内在本性的一致，保持真我。新意识的觉醒使我们开始合作和创造。我们通过这些实践和干预，重新确定我们的决策和行动的方向，与"道"保持一致。

东方道、佛哲学都指出"无明"是所有疾病的根源，是一切痛苦和疼痛的根源。在"无明"的状态下，我们无法意识到生命真正的目的，因此无法获得内在的统一或智慧，为自己做出正确的选择。只有改变对生命目的的看法，我们才能不被疾病困扰。这是一场终身学习之旅，超越了对生命和幸福在知识层面的理解，并可以转化为做出审慎和明智选择的能力。

人类的欲望是"无明"和疾病的核心。它干扰了我们的内在本性，限制了我们的信念、世界观、意图和思想的范围。当我们违背自然和"道"时，便会导致深层的失衡和痛苦。

佛教哲学"四谛"指出，人的欲望是一切痛苦和苦难的根源。只有通过消除并脱离这种欲望，我们才能远离痛苦。正是"无明"扭曲了我们辨别需求和欲望的能力，导致了错误的选择。由于愚蠢的欲望引起的无明，我们尝试抓住那些并不需要的东西，忽视了我们真正的所需。"无明"是让贪婪、贪心和贪得无厌心态产生的毒药。只有通过消除"无明"，我们才能学会用智慧来管理自己的生活，满足我们真正的需求。

在这个现代的富裕世界中，我们被自我关注、无尽的物质欲望驱使，想要积累越来越多的财富。我们仍然被困在物质中，忽视了真正的需求和愿望。阻碍我们做出正确选择的是我们的意识水平。可以说，"我们不能在制造问题的意识层面解决问题"，"无明"和意识存在于一个连续体上。意识的维度越高，"无明"就越少。提高意识便意味着远离无明。

也许没有比傲慢和不懂装懂更严重的错误了。被视为智者的人是那些具有智慧、警觉和自我意识的人，能够治疗自己的病症并为自己的健康做出正确选择。人类真正的医学在于修身，提高我们的意识，使我们的选择与进化的推动力保持一致。

尽管人类被推动着追求繁荣和创造，但我们也是最大的破坏者。我们的思维已经被积累财富和权力的需要所支配，我们利用地球的资源，造成地球上许多野生动植物灭绝。这表明我们还没有理解生命的系统性，我们的意识水平还不够高，无法为了更大的利益行动。人类面临的核心问题是我们关注我们想要的，而忽视了我们需要的。我们错误地认为自然属于我们，忘记了只有当我们周围的一切都运转正常时，我们才会变好。

然而，并非一切都如厄运般让人沮丧。我们在具有物质形态的身体的同时，也拥有意识。转变意识是我们前进的方向。意识的转变意味着认知的觉醒，当我们认识到自己在进化过程中的角色时，我们如何与整体的运动保持一致呢？作为生命进化的核心参与者，我们的目的是为生命增值。之所以将目的定位为"为生命增值"，是因为我们有做出选择的能力。未来是未知的，我们可以自由选择意识的进化方向——螺旋向上寻找一致性，或者螺旋向下招致毁灭。

联合国曾呼吁新的幸福经济范式，为此，我们需要追求相同的世界观。只有在共同的基础上才能拥有共同的意识，拥有共同的意识才能汇聚共同的努力，汇聚共同的努力才能应对共同的挑战。

享受生命，成就正念人生

幸福意味着我们的内在世界和外在世界之间达到了一种连贯和和谐的状态。相反，我们对自身认知的"无明"则是一切痛苦的根源。如果说压力是疾病的起因，那么觉醒并与我们的真实本性保持一致便是解药。生活的成功取决于我们如何去生活。当我们与真实本性保持一致时，便会为生命增值，与整体系统相连而实现进化。喜悦和幸福来自于我们与自我、他人和大自然之间的健康关系。

在新时代，以幸福和福祉为中心的新生活方式和文化将被创造出来。通过觉醒、调整、合作和创造的过程，我们将从内而外地学习生活，探索我们的真正使命。这个学习过程是终身的，因为生命就是一切。我们对生命和生存的热爱将超越我们对欲望的放纵，提高我们对可持续性挑战的敏感度，从而催生促进一切走向繁荣的进化能量。

因此，随着我们从单纯的生存和浪费的放纵转向富有意义和目的的生活时，我们的生活习惯也将发生变化。随着这种善经济的发展，一种全新的包括硬件和软件的基础设施也将诞生。这种系统化和整体化的经济体系将人道主义、社会主义和资本主义融合成一个完整的"生命主义"——国民幸福总值将取代国内生产总值。在消费主义时代的浪费和耗竭之上，我们将学会与自然和环境和谐相处，尊重地球母亲并联合起来为生命增值。

我们的教育和医疗系统将会发生改变。教育——知识、技能和能力的基础——将会被重新定位，优先考虑对生命的学习。性格塑造将成为其重点，教育每个个体作为公民、社会成员和人类的责任感。医疗保健将被整合到一个新的健康体系中，其中，自我保健和共同保健构成了全面福祉的基础。自我保健将在以培养和滋养自身幸福为中心的生活习惯变化中发挥关键作用，包括身心的全面健康。

一种新的互动和连接的方式将促进社区的生活、工作、娱乐和文化活动的汇聚，像家庭会客厅般的社区中心的出现将促进这种形式的互动，集学习、照护和娱乐的功能为一体。它将提供一系列庆祝生命的活动，例如音乐、艺术、阅读和连接自然的户外活动，从而改变我们与自我、他人和自然连接的方式，最终发现生命的喜悦、优雅和感恩之心。这样的基础设施将支持社区、代际共同居住。

我们与食物的关系也将发生改变，植物基饮食将占主导地位。食物将在更接近社区的地方种植，以低成本为社区的所有成员提供便利。同时，负责任的种植将有助于恢复环境和生物多样性。

城市和城市生活将被重新规划。现有的模式将被取代，建立城市基础设施，以促进城市节点的分散，降低人口密度。高速列车和其他高效的交通方式将把这些城市节点连接成一个完整的城市生活系统，这种设计类似于蜘蛛网和蜂巢，将释放出城市节点之间的可耕种土地，用于发展社区农业和自然保护区。出行模式将改变为长时间停留、短距离出行，从而减少碳足迹。

由此，就业模式也会发生转变，使个人和社区系统在这种新经济模式中扮演更大的角色。新形式的就业和工作将出现，让每个人可以发挥灵活性和自主性，以便为周围的世界增加价值。自雇和创业者将为满足社区需求提供服务。

因此，个人和社区将有能力为自己的需求负责，而不是依赖传统机构提供平台和资源。实际上，由于其以人为本的性质，这种新的经济结构将蓬勃发展。供求关系将更加本地化，因为人们就生活在原料生产地和资源附近。

治理系统将作为社会稳定的守护者，发挥制衡的作用，而不是成为"监察员"。公共系统将负责维护以及保护关键领域免受潜在干扰，以促进所有系统的繁荣和发展。同时需要一个中央机构来管理新技术、商业道德、财富分配、教育、医疗、货币、金融以及环境管理系统的研究和开发。

政府和企业将以共生的方式进行合作，共同投资以促进政策和社会需求的制定。企业将成为营利、非营利和影响力投资机构的整合者，形成一个完整的商业模式。随着个人和社区系统承担更大的责任，对商业道德的监管和平衡将从系统内部得到保障，ESG标准和影响力投资将成为衡量业绩的重要指标。

新技术将在构建这种善经济和幸福生活模式中发挥关键作用。从社交媒体到提高计算速度和复杂度的新计算能力，到虚拟现实、增强现实和元宇宙，再到医疗保健和新能源技术，这些技术将真正成为这一转型的改变者。

新的生活方式包含新习惯、新思维方式、新文化和新世界观，推动新的善经济体系。最重要的是，我们必须做出一个发自内心深处的选择，走向内在世界。

意识——探索内在世界的旅程

我们将书写一个全新的生命故事，囊括我们所渴望和想象的新生活方式。这是我们将要构建一切的基础，我们可以有意识地选择如何去生活。在一个强调幸福和福祉的时代，我们的生活将是促进统一和与万物融为一体的旅程。我们的行动将是协作的，为整个系统持续增值。相反，一旦我们发现生命的真正目的，那些导致分裂和分化的行动自然就会停止。

人类天性中有对幸福的内在追求，这是一种通过与自身、环境及其中所有系统的和谐联系而实现的统一状态。内在和谐是必要的，这样我们才能与自己和周围环境保持协调。这种内心的和平将通过我们对家庭、企业、社会和环境的热爱表达。

踏上内在探索之旅时，我们将会发现这种内心的和平。这是一种修身的方式，它会改变我们看待世界和生命目的的方式。我们会发现力量和权威来自内心，我们的存在就是为了创造并增加整个系统的价值，这就是以幸福和福祉为体现的新量子范式。这是新的生命意识，在这个意识状态下，没有任何事物保持不变，只有当我们积极参与这种持续的演化时，整个生命才能安好。

这种新意识状态将催生创造力，这是量子领导力之旅的标志。当我们重新叙述生命，重新思考如何为生命和所有系统增值时，我们将认识到，意识乃资本之源，以及所有挑战的应对方案。在这种强调更高维意识的新幸福状态下，我们的意图将与我们的本性相一致，我们将积极参与为生命增值的过程，成为更幸福、更健康的人，引领更有意义的生活。

领导力和管理

在新的幸福时代，领导者自然而然地因他们的意识和使命感而被选中。他们的角色作用是发掘领导力，引领这场觉醒之旅，使合作和创造得以实现。当他们选择内在的旅程，唤醒他们的意识，并从内部带出潜在的创造力时，则需要内在的权威推动真实的行动。

几个世纪以来，领导者一直在塑造系统的组织并管理更大更复杂系统的发展。领导力是一种能量，就像一个吸引器。在自然的创造潮流中，领导者会吸引其他人"上船"，朝着同一方向航行，寻求一致性和和谐。随着不同形式的领导力在同一个复杂网络中连接起来，自我管理的力量将会产生。

在新幸福时代，管理代表了一种主人翁精神。它是一种道德引领和负责任的方式，在更大的使命和愿景的引导下，有效地开发和部署资源，实现既定的目标。关于生命的新意识将指导管理，为不断发展的生命系统增值。

随着需求的演变和世界观的转变，系统将变得更加复杂，组织将扩大。连接更大、更复杂系统的运动将各种组织整合成网络，这些网络有着灵敏而互联的结构，在不断的共创和协作中形成聚合体。网络系统覆盖和取代了传统等级制度的角色。在这个网络中，管理将采取不同的形式，因为它基于关系存在，不再是线性的或由特定过程驱动的。

网络系统是自组织的，就像每个人都能适应自然，形成一个生命系统，在其中所有部分有机地相互协调，创造出一致性。在寻求和谐与一致性的更大进化目标的指引下，自组织的系统证明了领导力是一种能量，而管理是自我驱动的。

网络系统的自组织可以对应自然界中的蜜蜂，尽管有干扰，它们依然时刻自然地重新组织自己。人体是具有五十万亿个细胞的极其复杂的网络，也代表了这样一个系统的微观世界，在其中所有个体部分健康地协作和创造，与进化方向保持一致。每个独特的部分以自己的方式为共同的目标做出贡献。因此，幸福时代仅仅是人类的自组织，是向连接地球上所有生命体这个有机而和谐的整体的转变。

为生命增值及衡量成功和幸福的新标准

为了在人类统一的系统中与近八十亿人和谐共处，我们需要以正念的态度与自己、家人以及自然环境中的其他生命一起生活。在这样的世界中，集体需求和福祉将指导决策模式，我们需要处理和改变难以根除的过度消费行为。对共同繁荣和发展的强调将促使我们重新思考物欲，以及在市场经济环境中产生的身份和价值等级体系。

这种未来新愿景无异于一次系统转型，从经济学中的概念到各种基础设施，所有系统都将被重新定义。想象一下，通过教育和学习、医疗保健、社区参与来促成幸福的世界，这将成为我们共同的目标。过时的和传统的成功和价值矩阵将不复存在。所有这些相互关联的系统相互协调，将创造使人类和地球之间、不同社区之间以及我们与自身之间保持和谐关系的生活方式。

这种新生活，围绕内在探索、创造力与和谐展开，将赋予我们选择想要的生活的内在权威，我们并不需要通过外部的认可和验证来做选择。基于统一、融合与集体主义的新观念和价值体系将指导我们的意图，塑造我们的决策和行动。我们相信结果会如我们所愿，并将以平和的姿态接受所有事情的发生。

因此，成功和幸福的衡量标准不再能用早期的象征来说明。对和谐和协调的渴望，将取代工业时代的生产力定义和以结果为中心的度量标准，成为评估幸福的矩阵。

简而言之，我们将学会集中精力于我们如何"存在"，而不是被我们在"做什么"所评估。我们会选择走入内心的精神旅程，积累非物质的财富，而不是追求外在的财富和传统意义上"成功"的标志。通过这些重新定位，我们将培养内在的世界，并对外部的世界产生影响。

善经济的新构想

为了构建新的世界观和新的文化，我们需要一个全新的构想。这是系统重建，而不是表面的整修，因为我们正在建立一个新的支持善经济的系统，需要新的软件和基础设施。

教育和学习

幸福时代的教育概念将关注内在的生命学习之旅。塑造下一代的责任将由父母、社区、政府和教学群体共同承担，这也是属于整个群体的学习旅程。当我们参与内在的自我修炼时，我们将学会在幸福的生态系统中增值，成为有道德、有责任心和富有创造力的人。成长型思维和富足心态将使我们远离固化的内心，充满活力，并挖掘新的可能性。

新时代教育的基础是强调健康关系、道德品质和作为人意味着什么。其目标是培养具有主人翁精神的管理人员，为建立和谐的公民社会增添价值。自我实现所需的创造力等自由技艺，将取代以前受到重视的操作机械系统所需的专业技术和技能——这其中许多将被人工智能接管。当我们投资于公民社会的建设时，我们的内在将影响我们的行为。

系统将为更健康、寿命更长、生活质量更高的社区培养管理者。管理是一种态度，一种超越社会系统，将环境视为一个生命体系的责任感。管理员是一个能够在行动中展现作为全球公民所具备的道德和责任感的人，能够将所有资源用于为公共利益服务。

在幸福时代，学习和教育的主要目的是培养健康的关系，建立一个语言和世界观共通的"地球村"。终身学习是一段旅程，教育从幼年开始，嵌入知识，让孩子接触重要的经验，并支持全球公民的发展。这段旅程通向新意识——维持一个更好、更平等和更一体化的世界所需的智慧。学习是应对旧范式下由分裂和碎片化带来的挑战的方案。

人格发展将是这种学习范式的基石。该系统内的教学将重视培养自由技艺和自我实现技能——如何选择觉醒、关系和创造力，以及如何培养优雅、感恩和满足等品质。以艺术和音乐为中心的学习，以及诸如正念等各种精神实践，将因此成为新的教学重点。通过早年的培养，教育将使这种人格的发展轨迹获得习惯的赋能。

家庭也将承担学习的责任。家长在培养新的信念和价值观方面发挥特别重要的主导作用。从幼年开始培养一种内在探索的习惯，最终将有利于形成健全的人格。这样的系统将培养出具备管理能力和责任感的人。与正念和定静习练并行的是，教育和学习系统将强调协作、合作和共同创造的社交技能。随着神经科学的发展和神经可塑性的研究，新的教学法将专注于把觉知作为核心，来激发创造性思维的发展。

在这个新时代，"家"的概念将被重新定义，超越我们的生物学家庭，包括我们的社区和更广泛的社会关系——真正体现了"当我周围的一切都好时，我才能感到幸福，当我感到幸福时，周围的一切才能变得更好"的原理。

学习也将是这个新时代的社区责任。团体学习将提供支持并鼓励成长。作为生活不可或缺的一部分，学习将融入到团体和社区生活中。这种形式的学习将发展关系，并影响我们在家庭、工作、社区和更广阔环境中的联系、关系和创造方式。

因为学习是贯穿一生的，它将超越家庭、学校或社区的物理空间；它将随时随地发生，不再有清晰边界的限制。社区中心将作为我们的扩展生活空间，就像公共休闲区，我们在那里参与工作和社交活动，而我们的家则仍然是安全、有保障和亲密的庇护所。

社区中心将提供诸多学习机会，同时包括娱乐和社交活动，实现社区的自给自足。邻里将和谐相处，分享智慧并共同开发适合彼此需求的活动。这就是共同学习的本质，由扩展家庭、超越血缘的社区以及社会、经济和文化活动的整合所支持。

围绕社区中心建立的居住、工作和娱乐设施将增进社区的凝聚力和和谐氛围。共同的价值观和习惯将得到发展和完善，为终身内在探索铺平道路，培养共同的世界观。

在幸福时代，我们将珍视共性并接纳彼此的差异，自然地解决冲突。新的教育和学习系统下的管理和责任文化自然地激发每个人的内在创造力——这是我们在这个新的量子时代的关键资产。

健康保健、生命科学和组合医学

随着教育的变革，医疗保健的范式转变也将发生。在善经济体系中，整合医学将主导医疗保健，人们的健康由包括医生、营养师、分子生物学家和整体医生在内的健康专业人员共同呵护。

新的教育和学习系统将传播自我保健知识。实际上，每个人都将成为自己健康的第一责任人，对自己的健康负责。学习和医疗保健不可分割地联系在一起的，因为个人健康的培养可以转化为健康和幸福，从而使我们能够与他人和谐地共同参与工作和生活。事实上，社区中心将成为核心机构，配备集成的医疗保健中心，人们可根据需要随时访问。疗愈、学习和自我保健是同一个系统的不同方面。

真正的大健康超越了简单的身体健康，代表的不仅仅是没有疾病的身体，而是身心的完全融合，包括人与人、人与系统之间的伦理关系。只有具有整体健康意识，我们才能理解一个基本的道理：生命就是一切，一切皆是生命。

老子的《道德经》告诉我们，所有疾病——可以是身体、心理或精神的——都始于"无明"。"无明"不仅仅是"不知道"。如果一个人意识到自己的"无明"，则可以通过学习来弥补。最糟糕的情况是一个人对"无明"的无知。在这种情况下，疾病便会发生。新的医疗保健系统将是一个集合知识、学习、习练和支持措施的生态系统，以整体身心的培养为基础，为我们提供让生活繁荣和兴旺的条件。

随着我们意识到健康不过是一致性的现实表达，我们看到治愈是身心追求一致性的过程。实际上，我们从医疗保健、教育和健康实践中获得的支持，为全球人口老龄化所带来的当前危机提供了解决方案。

医疗保健始于自我护理。忠实于幸福时代，自我护理基于身心的整体性和一致性。历史悠久的中医学就是基于这种整体观来发展的。西方医学的认知假定则部分依赖于病原微生物学说，即认为许多疾病是由不可见的微生物引起的，以此为基础产生了不同的人体治疗方式。除了中医学，其他形式的传统医学也为我们提供了整合的智慧。值得注意的是，传统医学在现代世界越来越受欢迎且被广泛接受。

整合医学的应用范围也将扩大到包括意识科学中不同的治疗和护理方式。当然，药物是科学中至关重要的一部分，它将继续在治疗我们的身体方面发挥作用，并在善经济体系中继续扮演重要角色。然而，药物将与医疗保健一起构成一个整体健康生态系统，以实现全面治愈。这种拓展的治愈定义将是我们目前医疗保健挑战的解决方案。

美国在医疗保健上的总支出约占其 GDP 的 17％。在大多数国家中，一个人在生命最后 12 个月的医疗支出占总医疗支出的 8％—11％。如果不改变生活方式，这些费用将继续上升。根据《世界人口展望 2019》，到 2050 年，全球每 6 个人中就有一个人年龄超过 65 岁，而这个比例在 2019 年时是每 11 个人中就有一个人。

自我护理将会带来健康的生活方式并提高生活质量。这将降低医疗保健费用以及社会的压力。医疗保健是一项大开支，需要在全球范围内进行重组，并让所有人都开始重视自我护理的概念。自我护理不是在疾病出现时解决健康问题，而是一种养护行为，关注我们的生活方式，并将与健康和福祉相关的各个方面视为一个整体。

在基于整体性的自我护理系统中，一切都会相互影响。我们无法将自己从这个整体中分离出来；当我们为集体的利益而行动时，集体也会使我们受益。传统智慧的实践将成为自我护理的核心，而医疗保健将在幸福时代扮演提供解决急症的支持性角色。

政府将继续负责提供支持，确保医疗卫生服务能覆盖不同的社区。更大、更全面和更专业的医疗设施能与应急医疗运输系统相连接。社区将能够在需要时依靠更大的医疗保健系统。然而，随着自我护理的出现和普及，这种需求的程度将大大降低。制药业也可以通过透明的治理体系得到集中控制和管理，以提供每个人都能负担得起的药品。

新型医疗保健以自我关怀和人体环境整合为中心，以一切都是整体和生命的一部分的认知为基础。与此同时，自我关怀所节约出的巨额资金将被重新分配，用于满足新兴善经济体系的其他需求，未来的医疗保健和医学也因此不会牺牲效率或功效。

自我实现即修身

教育和医疗观念的变化将推动生活全面融入社区系统，增强和巩固关系，从而建立更健康的社区。一系列礼赞生命的活动——如音乐、艺术、阅读和与自然联系的户外活动——将改变我们与自己、他人和自然相连的方式，使我们最终发现来自生命深层次的真、善、美和感恩之情。娱乐形式也将与这些自我实现的活动相一致。

　　一家人将重新生活在一起，并珍惜彼此的存在。关系将成为生活的中心。多代人在同一屋檐下生活将为养育年轻一代提供更包容的环境，同时为老年人提供一个安稳、幸福、有尊严的生活空间。

　　源于内在意识，我们将开发不同的习练方法来增强我们的幸福感。除了支持跨越世代和社会阶层的社区中心外，幸福文化还将投资于自我实现的活动，例如音乐、棋艺、文学、艺术和诗歌。这些追求将成为我们礼赞和表达生命之美和意义的媒介。由此，我们将巩固社区内的联系，创造一种共同的文化认同感，并满足我们内在对参与社交的需求。

　　中国古代的修身习练提供了以"文人八雅"为核心的生活艺术：琴、棋、书、画、诗、酒、茶、花。我们将复兴这些古老而传统的实践，为习练者带来宁静与平和的状态。这些习练也体现了内在的创造力并改变了人的欲望，从而为重新定义以幸福快乐为核心的善经济创造条件。

　　在整体主义世界观下，我们能够看到新的可能性和选择，并围绕一个轴心建立社区身份。将我们与彼此和环境连接起来的活动将变得更加流行，包括瑜伽、太极、武术等促进身心连接的团体活动。与自然亲近的活动也会更受欢迎，如粮食种植、远足、露营等户外活动。我们会看到人类的多重才能在不同的职业、兴趣和项目中发挥作用，将我们的能量投入到多种为生命增值的活动中。

　　随着幸福概念的全球化，一个一体化的人类社区将会形成。然而，这并不是一个同质化、标准化的生命单元。相反，个体的天赋才能和独特的民俗文化仍将被视为是整个系统繁荣所必需的。在个体的主人翁精神中诞生的创造力，将服务于整个体系，使社区内的所有系统充满生机。

仪式、文化表达和庆祝活动将仍然根植于它们所在的社区。通过认识深层次多样性的动人之处，以及许多跨越地理边界的文化旅行，我们将能够分享和庆祝促成个体和整体全面繁荣的多样性的宝贵。

食物

新的幸福时代也将见证自我护理拓展为自给自足的食品供应，并影响我们与食物的关系。食品供应链和生产流程将围绕着社区市场和当地社群展开。社区农业将重新出现，食品生产的组织工作也会发生变化。

人类改变曾经的饮食和睡眠习惯同样重要。长期以来，我们一直在消费远离自然的食物，这些食物经过了严重的加工、基因改造，并被化学物质和肥料污染。在现代生活的疯狂节奏中，从快餐连锁店和便利店购买食品往往是最方便和可行的。我们通常不会有意识地为寻找更健康、更有营养的饮食。

除了这些习惯，我们很少关注食品是如何生产的，以及它是如何出现在我们的餐桌上的；我们也不关注那些不道德的宰杀动物行为，以及生产肉类时所伴随的不可见的残忍。工业化的食品系统效率低下，存在大量的浪费，增加了消费者的实际成本，并加剧了环境破坏。饮食已经不再是与自然建立联系的手段，而是化学和工业过程对我们身体的入侵。

随着时间的推移，这些变化影响了我们的预期寿命，以及身高和体重的平均值。在影响人类衰老和死亡的诸多因素中，线粒体功能障碍已经成为衰老过程的关键标志之一，并与许多与年龄相关的病理学发展相关。线粒体对于生命至关重要，因为这些细胞器是细胞的"发电站"或"能量货币"。线粒体通过将食物分解成三磷酸腺苷产生能量。这一与衰老相关的作用是由"衰老的自由基学说"之父德纳姆·哈曼（Denham Harman）在 40 多年前首次提出的。

考虑到这一切，与自然饮食更紧密联系的可持续种植、收获、烹饪和食用方式必将成为善经济体系的发展方向。食品将在更接近消费者的地方种植——在蛛网蜂窝结构（下文将具体介绍）中的城市节点之间的可耕种土地上，以及房屋内外，包括屋顶农场。我们吃的食物可以是有机、新鲜和有营养的，且无需担心生产成本。

饮食直接影响我们的生活。人类的大脑始终处于活跃状态，照顾着我们所有的想法和动作，并支配着每一次的呼吸和心跳，甚至在睡觉时也是如此。这意味着大脑需要食物持续供应燃料。而燃料成分的区别很重要。简而言之，我们所吃的食物直接影响大脑的结构和功能，最终影响我们的情绪。

一个系统中，所有能量保持一致是至关重要的，而食物则是易于消化的能量形式。我们离生命起源越近，在与自然的融合方面就越有好处。当我们遵循自然饮食法则生产和消费食物时，身体会更有效地吸收和融入食物。

禅宗大师释一行禅师曾说："当我们充分习练时，正念饮食可以将简单的一顿饭变成一次精神体验，使我们深深地感激参与创造这顿饭的一切，并深入了解餐桌上的食物、我们自身的健康和地球健康之间的关系。"

当我们对食物创造的过程和其中的关系心怀敬意时，我们就能达到这一境界。在善经济时代，满足所有人对食物的需求是社区的责任。正念饮食将逐渐改变我们的饮食习惯。很快，我们就会偏好选择植物性饮食，这些食物为我们的身体提供更好、更清洁的能量，保证环境的可持续性。越来越多的人正在过渡到有机植物性饮食或更为注重以一套道德标准来对待他们的肉类/鸡蛋/乳制品消费，关心动物的福祉。

我们有选择饮食方式的自由，这会根据我们的身体类型和天生喜好而有所不同。尽管肉类可能仍然是一些人饮食中的一部分，但重点是我们应该更加关注食物是如何最终到达我们的餐桌上的。实际上，饮食可能最清晰地说明了我们与自然之间是如何相互联系的，因为正是通过饮食，我们与自然环境紧密地联系在一起，构成了我们的生命、身体和自然环境之间不可分割的纽带。

在幸福时代，由于各个系统之间的整合，我们能通过更广泛的选择将饮食习惯调节到与地球的福祉相一致。在这个时代，公共、城市和屋顶农场，以及更多集体种植、制作和消费食物的方式，将成为常态。

我们的生命是由食物构建和维系的，食物是生命的核心燃料。有意识地进食是一种自我护理，它使我们的身体吸收必要的营养物质，滋养我们的大脑和身体的不同部分。这些来自食物的营养物质构成了人体所需的复杂蛋白质，确保了人体组织健康、睡眠调节和幸福状态的达成。

当我们的进食模式与自然生物钟，即体内 24 小时的节律信号相一致时，我们的身体将能够达到最佳功能状态。我们将自由选择自己想要吃什么和什么时候吃，由此建立和维持身体和大脑的健康，以便在幸福的新时代中享受有意识的生活。

新时代基础设施设计及规划

随着更接近自然的社区的形成，新的基础设施的设计和建造、物流和交通方式的变革将变得非常必要。城市规划将看到以高速铁路连接的城市节点的扩散，采用中心和辐射的设计，可以持续增容，形成一个错综复杂的蜘蛛网和蜂巢。这种设计有效地将不同的生活系统整合在一起，以维持低碳足迹，同时改善所有人的可触达性。我们将能够在自然中生活，同时在不同的城市节点工作、娱乐和社交。

以关系为核心的城市节点设计

我们天生是社交动物，自然而然地倾向于交流和共同生活。新幸福时代将围绕一个原则建立，即联合周围的一切为目的，视生活为不断修身和意识转化的过程。这种联合，在具体层面上，是与自我、家庭、他人和自然和谐共处。因此，我们需要用更高效的基础设施设计来支持社区参与，这是一个生产和服务需求更加接近市场的高效系统。

工业化时代形成的高基础设施密度、高城市人口密度的城市—农村布局是不可持续的。这种结构不仅复杂，而且成本高昂，以高层住房、低效交通系统、高能耗、高成本的环境管理和不平等的社会服务（如医疗和教育）为特点。

事实并非总是如此。城市化是人类历史上相对较新的发展。很长一段时间，社区是在低密度的中心地区形成的。根据 2014 年联合国经济和社会事务部的报告，全球 54％的人口生活在城市地区，这一比例预计到 2050 年将增加到 66％。在 20 世纪 60 年代，只有三分之一的人生活在城市地区，而在 19 世纪，这个数字仅为 10％。城市化的开展是为了维持工业化，改变了人们生活和工作的方式，基础设施和网络的建造则是为了支持这些需求。

虽然当前时代的城市—农村系统很好地发挥了作用，但它不再是可持续的。善经济体系需要一种新的设计结构，以实现能生产、自维护、负责任的社区，并与自然保持紧密联系。这种结构必须具有成本效益，可以真正触达社区，并有助于幸福和福祉的落地。一个紧密连接的系统将减少浪费，因为它整合了我们日常生活的各种活动。总的来说，这种城市中心设计将有助于互相靠近的小型社区的形成。

这些更小的自维护社区被一个共同的目标所联系，即通过自我治理保障集体需求。它们共同为社区的经济、社会和环境发展做出贡献，并通过合作在功能和社交上紧密联系。在这样一个稳定的社区中，我们可以在家中放松，熟悉和安全占主导地位，并有可能与我们的家人和社区成员培养最亲密与亲近的关系。

城市和农村地区之间的关系将被重新定义，可持续性成为城市规划和基础设施设计的关键优先事项。每个城市节点的大小将取决于不同的场景，受到服务分配程度的影响。人口更少、排列更为分散的城市节点可以享受更高的生活质量，比居住在更大城市节点的人承担更低的土地和物业成本。每个城市节点都将被精心打理，井井有条，拥有宽敞、可持续的公园和娱乐区，将真正摒弃普遍存在于现代城市的水泥森林。

这些城市节点将与更大的枢纽相连，形成一个广阔而错综复杂的网络，使低密度城市居住集群成为新的常态。大城市将被重新设计，数千万人口将分布在无数社区中，而城市节点之间的土地可以高效地用于公共经济活动，如家庭友好型的生物多样性公园和自然保护区。城市空间将主要作为见面和社交活动的场所。随着社交和商务旅行需求的减少，出行方式将发生变化。任何出行都将基于更短的距离和更灵活的时间。

通过这些努力，生活成本将显著降低，而生活质量将得到提高。

住房，在工业时代如此沉重的负担，将变得更容易负担；健康食品等其他基本需求，将为人们带来身心的整体健康。在人口密度较低的城市节点，电磁污染和其他污染性电磁场也将减少，有助于改善健康状况。

这是未来的新生活方式。城市将逐渐采用这种分散的生活模式，在善经济体系中转型。小部分人组成的关键群体就能将系统推向临界点。一旦这种情况发生，我们生活的许多方面都将改变。最终，我们的生活将变得更加宁静，更加快乐、健康，更富有成效。

蛛网—蜂巢设计

新时代的基础设施将被重新设计为一个轴辐式系统，以满足作为一个生活系统的城市节点的物理、社交和沟通需求。这种设计所营造的环境，让我们的生活叙事和幸福能够得到全面而有创意的表现。这一生活系统的基础设施必须协同工作，在不同的同心圆中促进与自己、他人和环境的和谐，以实现整体福祉。这取代了过去工业化时代高密度的城市设计，不再一味注重效率和生产力，却没有灵魂和人性。

未来的生活方式将需要以社区为中心的分散式居住安排，环境和人类是一个更大整体不可分割的部分。基础设施、设计和城市规划都将反映一个建立在人类和自然界的联合之上的世界观。同时，该系统应保持灵活性，以便根据环境、文化和社会的特殊性进行持续的调整。

新的设置包含有利于人口分散的基础设施。与其说是郊区的无序扩张，不如说是一个规划良好的城市节点网络，通过高效、良好管理的城际交通系统连接起来。这种系统设计类似于自然界中的蛛网和蜂巢，因此被称为蛛网—蜂巢系统。

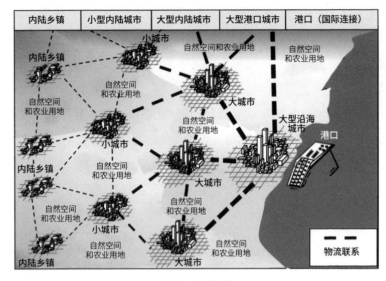

蛛网—蜂巢系统
©万邦泛亚集团版权所有

城市规划中的蛛网—蜂巢系统设计将社会、工业和农业整合起来，使人类生活得以融入自然之中。密集的人口将分散到自然、乡村、郊区和城市节点。得益于较小社区节点的互相靠近，节点之间的开放土地可以为社交、经济和自然活动提供更多的空间。

这种土地利用方式还可以用于生产和娱乐，创建一个能够有效应对每个社区具体需求的系统。随着土地的更有效利用，供应将更接近需求，减少物流压力并鼓励创业和社区内的不同就业形式。

虽然社区节点将是自给自足的，但也会与相邻节点保持密切联系，以满足社区之间更大或更复杂的需求，如医疗保健和教育方面的互相交流和支持。由于不同社区之间具有响应能力，创造力和协作空间将扩大。随着时间的推移，居住在这些系统中的人们可能会对每个节点的自给自足性更有信心，从而提高供应系统的可信度。

我们在与自然的协作中生活，将自然界的优势融入我们自己的系统之中，实现自然愈合和再生。善经济体系将更加关注环境管理，积极利用新技术推动清洁能源、可持续的制造业和工业活动。

这种蛛网—蜂窝设计比大城市布局更有效和可持续。中国的综合铁路网就是一个例子，8x8 的主干道网格，由 4x4 的高速铁路系统支持，将于 2030 年将主要城市群、省会城市和人口超过 50 万的城市连接起来，以最大程度地增强所有地区的连通性和可触达性。

这种设计从根本上重新定位了全球基础设施，其影响将在人口众多的地区显现。这仍然是一个新颖的想法，蛛网—蜂巢系统需要资金支持，可以通过某些服务在社区层面的局部化和资金的重新分配来实现。

新型基础设施将促进需求和欲望的范式转变，我们会有意识地做出不同的选择，从而将由财富驱动的生活方式转变以个人和集体的福祉为动力的生活方式。经济活动将发生变化，以适应新的愿望，也会更加分散以满足个人和社区层面的需求。

与环境和能源的新关系

蛛网—蜂巢设计的关键特点之一，是社区有机会更加接近自然。这将使我们能够更新与环境的关系，并重新探讨与自然世界共存的意义。

人类砍伐树木、过度捕捞、污染土地和空气、破坏臭氧层，对地球的可持续性构成严重威胁。然而，在 COVID - 19 大流行期间，我们见证了在全球被按下暂停键时，自然界可以多么迅速地愈合、修复和恢复活力。我们所需要做的就是克制自己，做出有意识的决策，保护我们共有的这颗星球的未来。

在蛛网—蜂巢设计中，能源生产将更加可持续和分散，有助于有效的环境管理。化石燃料是碳排放和其他环境污染物的主要罪魁祸首，替代能源如太阳能、水电和核能将取代化石燃料，成为主要能源。尽管随着全球人口的增长，对能源的需求必然会增加，但我们可以选择更清洁的能源。虽然最初的生产成本可能会更高，但技术正在不断进步，提高能源生产和消费的效率，最终将有效降低净成本。

向全新的环境管理范式转变是具有挑战性的，且需要时间。然而，一些国家已经在尝试这种飞跃。例如，德国已经将目标定为到2030年至少80％的能源需求由可再生能源满足，到2035年基本实现100％的可再生能源覆盖率。随着他们为未来开路，其他国家很快也会接受这种新的全球意识。事实证明，意识将再次引导我们改变那些根深蒂固的、对我们的环境造成不可挽回的损害的做法。

更接近自然并拥有耕地，我们还将与食物建立新的关系，这也将显著减少我们的碳足迹。能够可持续地种植粮食并增加植物性饮食所占比例，这不仅有益于我们的身心健康，也有益于地球的健康。转向以植物为基础的饮食方式可以在不扩大耕地的情况下为全球增加49％的食物供应。这种改变还将显著减少碳排放并减少最终流入海洋的废物和副产品。

预测显示，到2050年，以植物为基础的饮食将使全球死亡率和温室气体排放分别减少10％和70％。联合国政府间气候变化专门委员会的报告《2022年气候变化：减缓气候变化》支持了这些论断。

另一个明显的转型，是在循环经济中向零废物生活的转变，摆脱工业化时代富裕生活附带的废物管理系统。这种转变从个人开始，因为每个人都会主动做出有意识的决定，通过一系列的做法来减少我们每天制造的废物量，例如对塑料制品说"不"，只在需要时才消费和购买物品，养成回收和再利用的习惯，并将废品堆肥，将能量还给土地。在善经济体系中，我们尊重地球母亲，并牢记我们的健康和对生活的乐趣都依赖于她。

总之，世界观和人类愿望的变化将产生连锁反应，从我们自身、社区到全人类，使受损的星球恢复生态平衡，使所有生命系统的恢复健康。

灵活就业和创业

新的就业机会将取代旧的工作和过时的就业形式。就业的概念将发生转变，以适应在以幸福和快乐为导向的新善经济体系中对工作和劳动的定义。

在新时代，我们将不断寻找更高效的交付系统，以最大化商品和服务的价值，并为经济增值。随着复杂的机器人和人工智能取代人工劳动，我们将以不同的方式为系统增值。复杂的任务仍然需要人类的创造力，而人际关系是机械化所不能替代的。人类有许多独特而重要的增值方式，例如"创造力、创业精神、远见卓识、协作、外交、市场营销、监管和其他高级职能"。

我们将利用创造力，寻找复杂问题的解决方案。那些不需要创新或经验的工作——换句话说，那些标准化的、需要准确性和速度的工作——最终将被机器取代，因为创造力将成为我们的关键资产。就业和社会结构将发生根本性的变化，因为创造性工作需要的是存在和专注，而不是日复一日的朝九晚五。工作的目的和价值将被重新评估和协商，使我们从无意识的重复的桎梏中解放出来。

据世界经济论坛估计，到 2025 年，可能会有 8500 万个工作岗位因为人类和机器的分工变化而消失，同时伴随 9700 万个新岗位的出现，以适应人类、机器和算法之间的新分工。新的组合技能将更受欢迎，包括批判性思维和分析能力、解决问题的技能、自我管理的技能，如主动学习、复原力、抗压能力和灵活性。

在新时代，我们的工作将集中在本地化经济活动中，并从集中的系统中分散出来。在许多方面，这是回归基本。当我们自己种植粮食、掌控自己的学习，并意识到自我护理的价值时，政府的财政负担将大大减轻。对人们来说，完全拥有决定我们把时间花在什么地方，我们种植和培育什么，我们如何吃，我们住在哪里，我们学习什么，以及如何进行自我保健的权力，将是一种解放。我们将选择我们想要做什么工作，为谁工作，或选择与谁合作。我们将能够在创造、工作、生活和娱乐之间实现健康的平衡，以我们自己的方式为自己创造有意义的生活。

自然而然地，新创公司和本地化企业的机会将增加，为所有人提供有益的就业机会。为当地社区开发服务和项目的企业家将受到欢迎，因为他们熟悉自己的市场，对社区的具体需求有直接的了解。此外，这个时代将见证艺术和手工艺的复兴。根植于传统技术和智慧的手工制品将受到重视，音乐家将被视为他们所属社区的重要成员。这个时代关注的是"存在"和"行动"，它将强调生命的意义，并给我们提供空间，让我们享受与自己和周围一切事物之间的深入联系。

就业和消费将被整合为一个由社区驱动的整体经济系统。世界各个角落的社会系统都有机会实行新的生活计划。技术将在一个全球开放的平台上被共享和民主化。每个城市节点能进行自我创造和自我维护，同时通过蛛网—蜂巢设计，获得邻近系统的支持。政府将继续在保障社会安稳的领域提供就业机会。

根据每个社区的具体需求量身定制的工作岗位，将通过幸福时代的新型基础设施，从相关性、成本、响应时间和质量的角度更有效地为市场服务。工作将是有意义、有影响力和有价值的，为市场上出现的挑战或未满足的需求创造解决方案。每个人都将有机会成为自己生命的管理者，承担个人责任，为集体的幸福服务。多样化、多面化和令人身心愉悦的工作将真正融入我们的生活。

在创建新企业，并以更高的精确度和关注度满足需求的同时，新的生活方式将提高我们对真正的需求和愿望的敏感度。工作和其他经济功能与我们的愿望密切相关。明确了这一点，我们的生活将朝着对每个人都有意义的方向发展。

新技术驱动媒体和社交媒体

技术源于科学发展，用于制造满足人类欲望的产品。虽然技术进步的速度具有破坏性，但技术已经以前所未有的程度融入了我们的生活，这是前人无法想象的。虽然我们存在的目的没有改变，但技术扩展了我们响应这一目的的可能性。除了最大限度地提高所有手工机械工作的效率和效益，技术也被用来创造我们想要的生活。

数字技术完全改变了我们的交流方式，消除了时空距离。人们可以在虚拟世界中相遇，享受和学习人类文化的多样性。数字消费和网络购物已经取代了传统的"橱窗购物"（window shopping）。知识和新闻是可以获得的，而且是丰富的，使获取信息的方式进一步民主化。

社交媒体重新定义了我们彼此之间的关系和联系方式。虽然它可以成为一个强大的平台，增强透明度，但它也带来了安全威胁，需要新的监管。技术和社交媒体的广泛普及和无处不在，意味着我们很容易被它奴役。我们必须将意识当作一种终身实践，并培养运用社交媒体的智慧，使其为我们的生命增加价值并服务于我们的需求。

虚拟现实代表了数字革命的另一种形式，能够创造出一个完全沉浸式的世界，延展我们的想象力并增强我们的体验。在这个新的数字领域中，虚拟现实也是现实；我们创造的一切都是生活的一部分。创造力的可能性是空前的。随着虚拟现实在生物技术方面整合为我们自身的延伸，我们同样需要将虚拟现实视为我们的物理现实和身体的延伸。

元宇宙的发展扩大了数字连接的范围，构成了一种新的连接方式，其模拟超越了空间和时间限制。虚拟现实和增强现实都是活生生的、交互的三维数字宇宙，类似于互联网的一种进化形式，我们会发现自己处于一个类似游戏的沉浸式世界。元宇宙也可以成为市场推广和商业化之前的创新试验田。根据"德尔菲数字"（Delphi Digital）合伙人兼游戏主管皮尔斯·基克斯（Piers Kicks）的说法，元空间是一个"持久的、实时的数字宇宙，为个人提供代理、社交存在和共享空间意识，以及参与广泛的虚拟经济的能力，具有深刻的社会影响"。

这些数字化形式的发展也受到了全球 COVID - 19 大流行的推动。在个人层面上，疫情扰乱了我们的生活，我们选择在线会议和连接，并推动社交媒体成为社会参与的常规途径。在国家和全球层面上，数字化也使通过复杂而高效的健康跟踪系统来管理疫情成为可能。此外，这个平台也被用于实体交易的数字化。中国在这方面处于领先地位，微信支付和支付宝等电子钱包已经风靡全国。

这些发展将对我们的社交互动、交易方式和身份识别方式产生巨大影响。它们将改变我们的沟通方式，或参与游戏、运动、教育和社交活动的方式。我们的数字身份将成为获取全球商品和服务的关键要素。就像身份证或护照一样，我们的数字身份将用于从汇集所有个人资料，包括健康、教育、家庭和社交网络等信息的数据库中识别我们。

迈向新的经济模式

我们已经看到，跨越教育、医疗、城市规划和技术的广泛的物质变革将因为意识的转变而发生。人类生存的任何方面都会受到这些范式的影响。然而，本质上，一切都在于选择：我们是否愿意开启这场内在的旅程。

随着机器和人工智能取代了大部分体力劳动，创造力将成为人类最值得称赞和重视的特质。在综合"工作、生活和娱乐"的活动中，我们将有大量机会专注于最适合我们的创造领域。随着新时代的到来，就业模式将发生变化，工作的概念也将改变。人们将更有能力掌握他们所做的工作，以自己的方式创造有意义的生活。

实际上，我们的世界观塑造了我们的生活方式、行为方式，同时也在塑造我们的文化和欲望，推动社会的变革。经济活动的目的在于满足人类的欲望，因此很明显，随着世界观的改变，经济体系也将发生变化。经济不再以人均收入和 GDP 增长为衡量标准，而是建立在最大化集体幸福感的基础上。这个新时代突出对经济基础的全面重新考虑：它的意义是什么，它如何演变，以及经济学在多大程度上嵌入了我们生活的系统。在这个新时代，我们需要进行全面的解构和重建，因为我们的世界观会随着意识进化到下一个维度。

可以说，经济是所有社会、技术和政治活动的支柱，是引领其他结构性变革的关键。宗教、政治和权力都归结为经济问题，而经济活动则源自我们最基本的欲望，这些欲望又是被我们的世界观驱动的。而新的善经济体系将在全球层面推动一体化，包括治理、商业、金融和公共服务等所有新经济的支柱。

第五章

基于社会转型和整合的新经济模式

新文化驱动新经济

我们的内在旅程将转变我们的意识、世界观、信念和价值观，进而塑造推动经济发展的愿望。以幸福和福祉为共同目标的新生活方式将塑造新的经济活动。市场经济同样也会影响我们的文化和共同的世界观。在这个共性的引导下，经济将成为推动东西方融合的杠杆，创造一个新的善经济体系。这种新的综合经济模式需要一个新的赛场，具备新的经济结构。

经济整合中缺失的一环：道德

古苏美尔和古巴比伦王国，以及古代中国和古埃及记录显示，人类早期的经济活动与那个时代基本的农业需求相一致，即管理农作物、家畜和土地。这些都是为了满足个人、家庭和社区对财富创造、继承和贸易的需求。以自我为中心的财富积累与以社区为中心的文化相悖。

亚当·斯密的理论仍然成立，只是尚未完全实现。"看不见的手"变成了那些有权直接或间接掌管市场以谋取自身利益的大公司。这种经济力量不是为了满足我们的需求，或共同的社会利益，而是利用无休止的营销来塑造消费模式。

在新的幸福时代，结果导向的任务必须与以"存在"为驱动力的古代伦理道德结合。整合新旧，我们将能够获得直觉的智慧，行动的伦理责任也由此产生。为了一个共同的目标，服务于我们工业化时代的不同经济形式需要被整合起来，包括政府经济学、商业经济学、非营利经济学、社区经济学和个人经济学。当一切被整合为一个健康的系统时，个人的健康就会依赖于整体的健康，我们就不可避免地会为了系统的利益行动，关注我们自己的选择，对自己的行为负起责任。这就是我们可以在伦理上做到的。

在这个整合的经济体系中，亚当·斯密的自我调节、自我组织的经济理论最终将有机会得以实现。道德管理的自然结果是财富的自主分配——解决了工业化时代财富不平等带来的挑战。在新时代，财富的定义将超越物质财富本身，还包括言论自由和机会平等。

在我们拥抱意识，视其为智慧的灯塔时，所有系统的可持续性和增长将成为我们的优先事项。智力、意识和创造力，而不是金钱和权力，将成为我们最珍贵的资产。

整体主义、伦理和责任，这些原则将对善经济的一体化产生影响。这样的经济体系将拥有灵活、敏捷和不断演进的资本和贸易体系，使得我们能够不断调整，向更高水平的系统一致性发展。

规范市场

作为人，我们有选择的权力，决定和掌控我们的决策和行动。我们负责创造、维护或破坏系统平衡，包括善经济体系的平衡。为经济活动提供适当的治理是必要的，以维护和维持新的竞争机制。这个新经济体系的可持续性取决于其支撑系统的强度；因此，只要最薄弱的一环存在，它就不会坚如磐石。

在工业化时代，经济活动加剧了铺张浪费，仅服务于自私的欲望，结果导致财富集中在精英群体手中。这种增长是狭隘和投机的，导致了不稳定的营销经济。显然，这种经济体系缺乏道德指引。现在世界已经意识到了这种痛苦，并接受了设定边界以建立一个健康的资本市场的必要性。

在善经济体系中，为了创造真正的价值和财富，我们需要建立一个道德稳定的市场，通过创造来表达爱。财富的生成将超越经济价值的有形创造，由市场需求主导，并提供足够的机遇和自由，以使每个人都能自由地表现创造力，并在新的机遇中发挥潜力。这将形成一个正向循环，因为机遇池将不断增长，扩大自由创造的范围，并最终为我们的世界带来和平与和谐。

正是在这种情况下，治理手段应该介入，来保障稳定的环境。治理应侧重于意图、行动和行为的完整性，以确保维系一个稳定的、有道德的环境，使企业能够蓬勃发展。走出不平等的财富分配需要最高层次的承诺和合作。国家和像联合国这样的全球机构必须联合起来，建立一个能促进财富分配和加强商业投资稳定性的环境。

政府必须在这个经济调控、行动和响应的过程中发挥领导作用，并转变其固有的治理模式。政府不应该只是作为一个监管者，对不合规的行为采取惩罚性措施，也应该成为稳定环境的建立者和维护者，经济活动繁荣的促进者，并担负起审查和平衡的责任。

在整合过程中，主要的全球经济体需要面向公平竞争的自由市场。否则，不平等的竞争优势可能会威胁到这种整合。这个过程必须由国家主导；政府间应该开展合作，着眼于人类的根本共同点。各个国家之间必须汇聚、讨论和合作，以便在新时代制定新的标准和法规。

在稳定中促进繁荣的治理方式

一个繁荣的经济体只有在稳定环境下才能茁壮成长，通过稳定维系安全，消除恐惧，减少冲突，创造力得以涌现，增长得以持续。这并不意味着停滞不前或缺乏动力和变革，动态环境中的混沌状态也可能成为变革的机遇，因为没有混沌，新事物是不可能出现的。只有在稳定的环境中才能产生自由的创造力。因此，一个稳定的环境将会让自由涌，创造力也将得到释放，我们将迎来共同繁荣和发展。

在中国文化中，"稳定"是一个关键词，它贯穿所有系统，从最小的系统——"自我"开始。在稳定中促进繁荣是中国经济范式的核心，也是其治理体系的焦点。它贯穿所有系统，无论社会、经济还是政治。而社会稳定来自于共同的世界观，经济系统的稳定则源于共同的目标、共同努力和公平的报酬。中国人关于系统的深刻看法值得我们深思，即将个人的自由和权利置于集体的自由和权利的背景下。如果要塑造稳定的环境，新的监管和学习方式至关重要。

然而，关注集体自由并不意味着抹杀个性。共同的世界观是一个具有共同目标的世界观，而不是一成不变的世界观。个体仍然保持其个性，拥有自己的独特才能，并为实现共同的目标贡献力量。我们为个体发展创造条件，使个体为整体增加价值，从而使整个系统繁荣发展。

欲望和才能是繁荣的基础，创新发生在个体层面。中国过去的计划经济体制是自上而下的，虽然面临挑战和缺陷，但也有很多成功的经验。例如在消除贫困、环境治理和经济增长等领域，收获了很高的人民满意度。

再次强调，这种融合需要两个看似相反的引擎共同协作。一方面，计划经济体系必须放松对个人自由的限制，让智慧涌现；另一方面，自由市场体系应该团结起来，为集体利益服务，让系统蓬勃发展，将各种"主义"融合成一个经济体系，使其超越经济价值，拥抱机遇和自由。

将多种"主义"融入同一经济体系

将控制和自由融合为一个整体系统，可以消解控制和自由之间的张力。当智慧和意识发挥作用时，内在的自由会改变我们的物质世界观，我们会表现出爱和同理心。自由激励着自我管理，以在一个稳定、集中、可控的系统中找到协同性。

在传统的自上而下的计划经济中，个人权利是一个核心挑战；而自下而上的市场经济必须应对整个系统的公平性和稳定性。虽然我们都渴望自由，但一个系统需要一层"膜"来划定可以繁荣发展的边界，以便个人和集体的自由可以得到实现。这与地球拥有臭氧层类似，臭氧层充当保护膜，创造了一个适宜生命繁衍的环境。

计划经济和市场经济的主导思想，作为政治和消费主义理论，涉及个人权利和集体权利，在自由和控制之间的范围内，建立了不同形式、不同定位的观念体系，以适应不同时代的不同需要。然而，没有任何一个系统是完全自由或被完全控制的。在新时代，各种系统将以不同的程度形成，所有系统都包含自由和控制、集体和个人权利的不同元素。现在，全球系统的新平衡正在缓慢形成，通过一个共同的世界观，将以西方为主的资本主义系统与以东方为主的计划经济系统相结合。我们将获得一个新视角，将物质自由与内在自由联系起来，从而影响我们的观念、思想、情感、欲望、愿望和行动。

中国的经济和人口规模使其成为本书的关注对象。中国人口14亿之多，GDP占全球近五分之一，对于这种全球性整合至关重要。中国管理经济的方法与资本主义系统有很大的不同。通过独特的中国特色社会主义市场经济，中国为财富与经济增长稳定性之间的平衡创造了条件。中国政府已经制定了一套规则，以维护稳定的市场环境，保障公共利益。虽然资本市场继续自由运作，但是必须对任何违反法律的行为进行强有力的惩罚。中国的许多成功和空前的增长，以及贫困的消除，可以归因于这方面的发展。然而，14亿人口仍然面临不平衡的发展状况。

中国传统对民主有一个独特的诠释，即"民本"，字面意思是以人民为基础。这一基础精神和概念指导着中国的决策，人民的利益是最高优先事项。然而，在现代汉语中，民主强调"人民的权力"，这可能会牺牲原始的"民本"精神和文化。

今天的市场主要建立在人民对其统治者的信任之上。政府诚实地为人民服务和关注人民的需求，这一点比以往任何时候都更加重要。

因此，我们需要用一种共同的世界观来整合不同的"主义"，包括那些倾向于个人自由的，和那些优先考虑集体利益的。由主导世界观和价值观造成的分裂已经是许多不稳定和冲突的根源。新的整合体系必须建立在一个共同的世界观之上，一种被所有人接受的范式。

无论最终这个新体系会被贴上什么标签，其本质特征必须是整体主义，以集体社会需求为驱动力，服务于社会和人。事实上，这种趋势已经可见于西方政府采取的加强管制和社会控制措施，疫情的出现加速了这一进程。另一方面，中国特色社会主义市场经济已将资本主义和资本市场元素融合到其体系中。最终，东方和西方、南方和北方，所有的体系将融合为一体，将以前不同的体系转变为统一整体。

除了前文提到的中国外，另一个例子是新加坡——公认的全球最适合做生意的地方之一。新加坡是一个高效的国家，其监管和经济环境塑造成商业和企业的形式。新加坡强调精英主义，政治领导层能够参与并制定支持商业活动的稳定和友好环境的政策。政府将商界视为共同投资伙伴，并通过激励措施促进创造力的发挥。由于商业需求得到倾听和支持，企业可以在健康的竞争中蓬勃发展。新加坡的经济和治理一体化模式显然取得了成功，是另一个被人民高度认可的国家。

自由与控制的融合会是什么样子？即使更多的经济活动被吸纳到社会中，政府仍需要继续控制包括教育、医疗保健、资本市场、金融体系、物流基础设施、环境管理、技术和研发等关键经济领域。这些领域都需要更高层次的集中监测和治理，是维护社会稳定的关键。如果不受控制，它们可能会威胁到维持善经济体系的共同世界观。

关于控制的观念将会发生变化，因为政府将通过与商界共同投资的方式间接管理这些关键领域。虽然企业会增强管理经济活动的能力，但政府将建立商业决策的伦理标准，以维护稳定的经济环境。这是控制与自由的一种融合方式。政府在这些产业中存在，可以紧贴社会脉搏，掌握社会状况。

联合国可以在这种治理体系中扮演自己的角色。自"二战"以来建立的基础设施，虽然意图高尚，但没有充分发挥其潜力。在新时代，联合国作为全世界国家聚集讨论并作出决策的基础和会议场所，必须被赋予权力，即最重要的组织世界各国应对共同的可持续性挑战的权力。虽然未来政府将更多地关注和回应社会需求，但它也将运用治理的权力，同时服务于人类的福祉和善经济的需要。

然而，在健康和幸福的状态下，维护秩序同样是每个主体的责任，不论是个人、企业还是非营利组织。不同主体之间的协作将成为治理的关键，因为治理是监督价值体系和意图，而非充当监管者的角色。最终负责确认意图真实的，是我们自己。随着内在旅程的觉醒，我们转变意识并更加接近生命的目的，这影响着我们的决策和行动。这也是支持我们自由选择、创造并在新的幸福时代茁壮成长的内在权威。

ESG 标准和影响力投资

另一种约束投资的形式，已经逐渐受到欢迎并占据了重要地位，那就是 ESG 标准和影响力投资。

如今的投资不再仅仅关注财务回报，其范围已经扩大。影响力投资衡量的是有形的社会影响，而 ESG 标准则是评估企业行为的基础。两者正在改变资本配置的方式，重新定位、重点关注伦理商业实践和体系。

尽管负责任的投资实践始于 20 世纪 60 年代，以指导投资决策，但仅限于排除某些被认为不道德或违反人权的活动。直到 2004 年，一项名为"有心者胜"的里程碑式研究中正式提出了 ESG 标准这一术语。如今，据估计，ESG 标准的应用约占全球所有专业管理资产的四分之一。

通过将不同的实践方法融入到投资思维中，ESG 标准和影响力投资的潜力在经济领域产生了广泛的积极影响，并为可持续的有影响力的企业建设做出贡献。这是亚当·斯密《道德情操论》中缺失的一环。与以往的伦理投资和社会责任投资不同，这些投资具有创造性。它们并不仅仅基于对不道德或违反人权的行为的排除，而是会产生实质性的影响。

近年来，对 ESG 标准和影响力投资认知及需求的增加，使这些指导方针被广泛采用，并为许多企业的经济发展指出了方向。这些标准与企业实际的社会贡献息息相关，且被具体的指标所衡量，也代表着迈向一个更美好、更公平未来的第一步。

事实上，公众现在要求公司对 ESG 标准负责。在善经济体系中，这将变得更加重要，因为越来越多的人开始认识到企业在经济活动中必须应对伦理挑战，对商业道德的要求显著提高。

企业领导者和高管是直接负责实践并将 ESG 标准融入商业活动中的人，他们需要新的奖励、薪酬和认可制度，来影响和重塑他们的实践。通过将 ESG 标准纳入业务决策，他们也将转变关于生命的意识，影响新时代人类的行为和举止。

在新的善经济体系中，经济活动将改变资本需求，在 ESG 标准和影响力投资的引导下，资本会被配置到更需要的地方。毫无疑问，世界已经达到了前所未有的富裕水平。根据研究型数据统计公司 Statista 的数据，2020 年全球 GDP 总量约为 85 万亿美元，预计到 2026 年将增长至 127 万亿美元。

随着自我关爱和社区生活方式在全球范围内蓬勃发展，大量经济活动（如粮食种植，家庭和社区教育支持以及以自我保健为基础的医疗保健）将由社区管理和提供，社区将在获取商品和服务方面变得更加自足。这些领域的公共支出将大大减少。

以前分配给医疗保健、物流、粮食种植和国家安全的公共支出将大大减少。随着 ESG 标准和影响力投资的重要性日益显著，资本可以重新分配到技术研究和开发、基础设施创新以及支持新经济活动的清洁能源和教育等领域。随着先进技术的应用，经济各个方面的透明度和效率将得到提高，并将减少系统中的疏漏。这些领域节省出的资源也可以重新分配，以进一步推动创新，建立新的善经济体系。

ESG 标准和影响力投资不仅将用于资本配置，还将促进资本更具社会责任的重新分配，以开发新的软硬件基础设施，这些基础设施在幸福时代是不可或缺的。

全球贸易一体化

然而，全球化的、统一的经济和治理体系需要建立在综合的、全球性的、规范的、由经济指导的、遵循可持续和整体繁荣原则的贸易体系之上。贸易体系，特别是供应链，需要通过重构来实现影响力和效率。联合国的 189 个成员国分布在五大洲，以地理位置、宪政制度、语言和文化为轴线，存在一些共同点，可促进全球系统贸易一体化的进程。

亚洲的协调

欧盟成立的目的是消除欧洲国家之间的贸易、经济和社会壁垒，促进欧洲国家内部市场上人、货和资本的自由流动，总体目标是为该地区打造繁荣和安全的市场。同样，中、日、韩可以被视为兄弟国家。它们彼此靠近，历史悠久，拥有相似的语言、传统和文化价值观，以及起源。然而，这些国家要开展合作，就必须放下沉重的历史包袱。

例如，中国和日本一直以来都有着一衣带水的文化背景。这两个国家也都重视勤劳，关注集体福利。所有这些因素都有利于兄弟国家之间的合作，它们有可能组成一个亚洲版"欧盟"，带动整个地区的蓬勃发展。类似这样的联盟将向一个全球体系迈进。

在东南亚，东盟旨在通过区域经济一体化实现一个单一的集成市场。作为东盟成员国的新加坡，可能是一个与"东北亚联盟"融合的自然熔炉。

东—西和西—东的融合枢纽

英语是当今世界的通用语言，在贸易、外交、跨文化交流等方面被广泛使用。全球估计有超过 17.5 亿人讲英语，即使在英语不是母语的地区，英语也是常用的交流语言。

当然，英语的普及主要是通过殖民扩张实现的。随着向美洲扩张以寻求新的土地，在澳大利亚和新西兰安置获释的罪犯，以及在非洲和亚洲开展贸易和殖民，大英帝国为统治殖民地建立了共同的系统。但帝国的影响不仅仅局限于口头和书面语言的广泛使用。

除语言外，殖民主义留下的遗产还包括贸易系统、共享传统、机构和曾经用于管理前殖民地的体系。在国家驱逐了殖民统治者，获得独立后，英语仍然作为主要语言被持续使用。许多前殖民地继续保留殖民地时期的贸易、法律和治理结构，这一共同点在新加坡、马来西亚、印度和非洲部分地区以及中国香港都有迹可循。

从这个角度来看，中国香港特别行政区作为全球系统中的重要金融和贸易中心之一，具有独特的地位。在一国两制政策下，中国香港保留了许多英国占有时期建立的西方体系的特点,如英国的法律制度、国际贸易的商业合同制度、英语。随着中国经济规模超越国界,香港特别行政区可以作为中国企业与外部资本连接的门户,出口产品并在海外落地。中国香港被亲切地称为"东方之珠",确实是一个宝贵的金融和贸易中心,连接着中国和外部世界。

新加坡处于类似的特权地位。它有潜力成为通往东南亚和中南半岛的门户,那是一个有将近6亿人口的巨大市场。此外,新加坡是东西方文化和业务的汇聚点。社会的多元文化和语言多样性,加上金融和技术中心的地位,新加坡已经吸引了许多来自欧洲和美国的国际公司。许多中国公司也开始效仿,在新加坡设立了办事处和区域总部。由于新加坡在全球地缘政治系统中的相对中立地位,它连接东西方的中心位置是独一无二的。

在世界的另一端,英国作为连接欧洲大陆和大西洋的桥梁,地理位置得天独厚。英国与欧洲大陆和北美同宗同源,它拥有两个半球的丰富知识。作为人类历史上征服面积最大的海上帝国,英国在处理全球事务、治理和管理方面拥有丰富的经验,包括跨文化交流的经验。

伦敦作为全球领先的金融中心,是非常合适的东西方的交汇点。除了经济合作外,东西方之间其他形式的文化和社交交流也可以在伦敦展开。融合和合作将使这些功能在共赢和共生的关系中实现,让伦敦重新确认其在全球金融市场的地位。英国可以通过新加坡促进对亚洲的投资,也可以进入亚洲的大型市场。与此同时,亚洲也将获得重要的进入西方市场的机会。

整合贸易

这些国家和地区作为连接东西方的桥梁,将有助于贸易和文化的融合。新加坡很可能成为东方的熔炉，通过香港特别行政区，推动东盟和北亚的合作，可能还包括印度。在美洲和欧洲，由于其中立性，伦敦很可能成为大西洋区域的枢纽。鉴于其现有的贸易路线和欧洲的殖民历史，非洲将可能使用大西洋枢纽。

然后出现的，是整合经济和物理贸易的新贸易倡议。例如，"一带一路"倡议是一个由中国主导的项目，旨在振兴古老的陆路和海上贸易路线，为所有参与这一网络的国家带来繁荣。中国借助深厚的历史经验发出"一带一路"倡议，促进全球工业化发展，通过地方和区域合作，建设基础设施和投资，创造进入全球市场的机会。

根据世界银行集团于 2019 年 4 月发布的宏观经济、贸易和投资全球实践报告，到 2030 年， "一带一路"倡议有望为全球收入贡献0.7％的增长。然而，更为重要的是，它将实现更加公平的财富再分配。这一倡议带来了广泛的好处，例如减少了跨境运输过程中的延误，以及进一步关税自由化，进一步表明了互补政策的重要性。这些倡议将显著改善全人类的福祉。

几个世纪以来，贸易一直是经济和跨文化融合的基石。唐朝时期，丝绸之路将中国与西方联系起来，曾经一度延伸到地中海。除了促进高价值商品的运输外，贸易网络还促进了东西方之间的文化交流。商人在丝绸之路上吸取了外国文化和智慧，并带着丰富的想象力、新思想、哲学以及宗教回到中国。

在明朝时期，郑和监督和指挥着当时最大最先进的贸易船队，海上贸易路线得到了发展。他七次出使西洋，开启了经济、文化和政治交流，航线一直延伸到波斯湾和东非。

贸易路线不仅从东向西延伸。英国在这方面的力量不可小觑，其贸易路线一直通往远东。英国通过贸易扩张帝国的势力范围，通过双边和多边贸易协议建立与本土连接的殖民地领土。海上路线使得商品能够从殖民地被高效地运往英国本土，历史上这样的殖民地国家包括美国、澳大利亚、新西兰，以及非洲和亚洲的一些国家。英国建立的体系影响巨大，很可能继续成为隐形的共性，促进善经济体系在全球的系统性整合。

虽然这些路线上的贸易带来了繁荣和丰富的文化交流，跨国婚姻和跨境定居也促进了跨文化融合，但过程并非一帆风顺。障碍和挑战削弱了合作的价值。陆地和海上贸易商常常不得不应对劫掠者的威胁，他们声称对土地有所有权，要求对跨境交易征税。

今天的全球贸易是在这些缺陷的基础上设计的，旨在更好地组织国家之间的商品和服务交换，以便有效地触达消费者。由于各种原因，贸易现在被认为是一种单纯的经济交易。在世界的不同角落，财富分配的不平等正在被现有的贸易网络加剧，而尚有一大批人口的生存需要还没有得到满足。

在这个新的世界秩序中，显而易见的是，另一种全球性的参与和合作将成为可能，它将通过新的基础设施扩大联系，更有效地重新分配收入。它将鼓励贸易的开放性和包容性，以使所有人受益，共同承担可持续发展的责任，并建立集体智慧以进行创造和创新。最终，我们将享有平衡的全球发展，尊重每个系统和我们所在星球的福祉。

创造一种基于直接贸易的单一货币

在新的范式中，当共同文化推动经济发展时，货币系统的重构也是必要的。无论以何种形式，货币都是促进贸易发展的必要工具。关于货币的起源、在不同社会体系中所扮演的角色、所服务的需求、它的演化历史，以及对今天的社会、经济和政治体系的意义，存在着许多不同的观点。历史学家和经济学家对这个话题进行了广泛的研究和写作。笔者的意图并不是支持或反对货币系统，而是从文献中提炼出其本质，提出一种可能的货币框架，以在未来的善经济体系中发挥整合作用。

货币起初是一种估值系统，用于促进货物的交换，平衡两个或更多个体或群体之间需求的过剩和不足。在货币的起源时期，无论是贝壳、硬币、黄金还是纸币，货币都是作为一种代替物存在的，代替另一方所需要的货物的价值。随着时间的推移，货币的估值方法不断增加。

作为一个系统，货币如今已成为一种分裂而非联合人们的权力。对不同形式和形态的货币，并非社会成员都能平等地获取，甚至现在与政治和经济牵涉在一起。因此，社会体系内部和国家之间的权力分配变得极不平等。例如，并不是所有人都能够使用信用卡和电子银行系统，这与一个人的收入水平、性别和所在地区等因素密切相关。

随着国际贸易的发展，人们已经意识到使用一种主导的全球货币可以促进贸易。在同一领土上，控制货币发行的权力，将不同城市使用的货币统一成共同的货币，这样做减少了货币的分裂（Epstein, 2001）。通过国际银行间体系，金融系统进一步巩固了不同货币的交换。

占主导地位的全球货币并非通过民主选举出来的，也不是由一组国家投票决定的，而是在竞争中自然而然地出现的；在全球贸易中占主导地位，并且最稳定、最能抵御外部冲击的货币将成为最常用的货币。

美元的全球货币地位

"二战"后，美国经济蓬勃发展，并主导全球贸易。在其稳定的经济体系和军事实力的支撑下，美元在全球经济和社会系统中受到信任。美元易于交易、流动性好，并且能够支持广泛的银行体系以促进全球贸易。更重要的是，美元很稳定：根据《布雷顿森林协议》，美元与黄金的固定价格挂钩，而所有其他货币都与美元挂钩。这个协议的目的是最小化货币波动并稳定国际贸易。间接地，黄金被用作货币估值的基础。

1973 年，布雷顿森林体系崩溃后，尼克松总统宣布美元与黄金的挂钩解除，因为印刷更多美元会带来通货膨胀。随后，国际货币进入了自我调节估值的开放市场时期；国家银行可以选择以某种货币为基础进行估值。从那时起，社会差距越来越大，中产阶级在通货膨胀中消失了。富人越来越富，穷人越来越穷。

到 1970 年代，美国和沙特阿拉伯签署了一项协议，将美元定为石油计价货币，美元由此与石油挂钩。这种实际上用石油替代黄金的做法已经持续了几十年，而且一直没有受到挑战。

由于中国经济在全球系统中的影响力持续上升，以及 COVID‑19 大流行对世界的严重冲击，美元的稳定性及其在国际贸易中作为主导货币的实力受到了考验。中国经济规模继续增长，印度的市场范围也在扩大。据估计，到 2030 年，中国将超过美国成为全球最大的经济体。然而，中国庞大的人口是美国的四倍以上，所以两国人均收入差距非常大。

金融系统也在不断发展。估值已经与基础资产估值脱钩，而基础资产估值是它最初的本质。相反，估值已经成为一种政治控制工具，加剧了权力分配的不平等。例如，征收的税费和关税可以用于稳定一个系统，满足社会需求并促进贸易的和谐，但也可以被用来建立军事力量或缓和富裕精英的颓废、奢侈生活造成的影响。发达市场非常不愿意寻找一种替代系统，这种系统可能更有效地促进在这个新的整合世界中的贸易。

因而，我们需要一种新的货币和估值系统，这种系统应该是由经济驱动的，不受政治控制或影响。它的估值基础必须是透明的，并基于实际资产。所有人都应该自由地获得这种新的货币。目标不是要取代美元，而是要启动一种系统演进，以适应一个新的、更先进和发展完善的伦理经济模式，这种经济模式是不受政治操纵的。

新的幸福货币

近年来，人类取得了诸多创新和突破。加密货币作为一种数字货币，是独立于任何一个群体的经济控制的新交易形式，并且不受政治主权约束。这种去中心化货币的可能性正是量子计算和区块链技术在货币自由方向上的创新。然而，其估值基于加密货币的供求，目前还缺乏基于价值的资产评估的坚实支持。

毕竟，货币的作用是对商品和服务的国际贸易进行估值。如果没有经济系统，货币将失去其之所以存在的基本缘由。同时，加密货币的流行让我们看到了一种可能性，那就是使货币摆脱各种偏离主旨的权力的控制。如果可以建立一个道德的、透明的估值系统，加密货币或其变体将成为新的善经济系统中值得进一步探究的系统。

由真正的价值支持的货币需要评估价值的构成。技术上，全球主导的互惠互利投资基金，拥有一个集成透明系统，遏制了普遍的投机性投资和估值操纵行为，将为新的全球货币的价值创造可能性。技术的进步提高了投资和估值系统的透明度和开放程度，这是我们所需要的。

为了实现新的全球货币的实际资产支持，可以采用共同基金的概念，创建一个全球主基金。该主基金将汇集资本，平衡地理、行业和社会等方面的需求，进行组合投资，纯粹按照实际价值进行估值。借助科技和 ESG 标准，该主基金将具备自我管理机制。新的主基金将成为有实际资产和现金流支持的估值基准，从而实现真正的财富保护和价值存储。

如今，管理数万亿美元资产的投资社区，拥有着管理这种基金所需的专业知识和经验。围绕这种新货币建立的全新投资体系，将代替各国的金融和银行系统发挥作用。国家将很可能成为全球主基金的锚定投资者，他们在基金中的份额代表了他们的主权储备，因为该基金储存了新经济的价值。

这可以是跨越空间和国界的一种融合。世界银行和联合国等国际组织需要引导各国，讨论如何实施这样一个全球主基金计划。

整合需要科技赋能

今天的全球经济结构得益于技术的推动。技术使得旅行、贸易、通信和信息传播变得更加民主化，同时也改变了组织和流程，促进了投资和创新，推动了全球化的发展。第四次工业革命所依赖的技术再次对我们的生活方式产生了重大影响。正如世界经济论坛创始人兼执行主席克劳斯·施瓦布所说："新兴技术的发展使我们有能力以全新的方式处理、存储和获取知识。而这些可能性将会随着人工智能、机器人技术、物联网、自动驾驶车辆、3D 打印、纳米技术、生物技术、材料科学、能源储存和量子计算等领域的不断突破而不断增加。"这些技术突破正在模糊数字、物理和生物领域之间的界限。

许多行业正在引入新技术，创造全新的服务，提高个人生活的效率和乐趣，并在打破现有低效价值链上取得了显著成果。变革也发生在思维敏捷、积极创新的竞争对手之间，他们可以利用全球数字平台进行研究、开发、销售、营销和分销。他们从效率和生产力中获得长期利益。所有这些都将开辟新市场，降低成本，并以高度透明的方式推动经济增长，从而实现更好的治理。

在2022年5月北京举行的清华五道口首席经济学家论坛上，有人建议，虽然大国之间的竞争焦点是经济，但经济竞争的焦点是技术，技术竞争的焦点是创新能力。未来的发展需要用更稳定的机制来支持科技创新。

从来没有一个时代像现在这样，科技的普及率如此之高，并与我们的生活密不可分，这对实现善经济体系所需的整合来说至关重要。科技发展给未来带来了巨大的希望。但是，更大的希望也伴随着更大的责任。毫无疑问，技术突破将使全球善经济系统得到整合。这个体系的建立将标志着建设新时代的到来，这一可以整合全球系统的强大平台，将通过透明的系统和自我治理，将选择的权利交到全人类手上。

技术的发展很可能从这个时代开始加速，带来以前无法想象的可能性。这为将技术与内在旅程和意识变革相结合创造了独特的机会。我们可以想象，元宇宙或许可以为我们疲惫的身心创造一个愈合的空间。在未来，通过让虚拟自我在投影的未来中体验幸福和喜悦，元宇宙空间也许可以帮助我们修复创伤，释放潜力。虽然这听起来很离奇，但值得记住的是，明天的现实源于今天的梦想。全新的技术将支持善经济新时代的到来。

商业的新角色

商业的核心竞争力之一是整合。商业是在市场经济中管理和配置资源以满足人类需求的最有效形式。它可以与市场灵活协作，具备整合不同资本和经济参与者的能力。商业快速高效地发展和操作经济活动，可以引领技术进步、全球一体化和物质财富创造。商业可以获得各种形式的资本。然而，在当前状态下，它并未充分发挥意识的作用。

意识是潜在的，可供所有人使用。人们只需做出有意识的选择，踏上内在世界的旅程。意识的缺乏导致人类社会和自然环境遭受许多伤害。关于人类行为对整个系统的影响，我们缺乏道德边界和责任感。然而，当投资管理将 ESG 标准和影响力投资纳入考虑范围时，它们将创建一个自我组织的经济体系，为所有人的繁荣重新分配财富。

尽管市场经济创造了一个高效的生产和商业引擎，但它也是造成今天世界所面临的可持续性挑战的罪魁祸首。优先考虑利润，为满足短期欲望而不顾一切，工业化让许多人走上了错误的道路。然而，商业曾经带我们走进兔子洞，未来也可以带我们走出困境。商业最适合扮演所有经济要素（包括个人、非营利组织和政府）的关键整合者，并协调经济活动，带领我们打破棘手的局面。

企业经营拥有解决世界可持续性挑战的力量。商业从全球觉醒中发展出一种新的意识，可以由此开始引导创建一个以意义和目的为驱动的经济体。通过塑造企业的意识、目的和使命，重构的商业意识可以反过来指导决策和行动，以在这个新经济中保持相关性。带来可持续性挑战的商业，同时也拥有与新意识结合，创造新的可持续善经济模式的能力。

为了取得胜利，我们必须建立起制衡机制以保障商业道德，因为只有对社会需求负责的道德市场经济才会被市场接受。所有其他形式都将被市场拒绝。这种经济立场将驱动其他所有领域的变化，包括政治、技术、社会和环境。

事实上，企业已经在应对这一挑战。美国的许多公司已经宣布，它们不再仅仅服务于股东，而是服务于整个社会。投资正在向影响力投资的方向转移，扩展成功标准，超越利润，考虑社会和环境福祉。企业本身正在审查其模式，越来越多地参与有关"自觉资本主义"和相关概念的讨论。

联合国的重点已经从八项"千年发展目标"，演变为推动社会转型的《2030 年可持续发展议程》，包括基于人类共同愿景，及世界各国领导人与人民之间的社会契约的十七项可持续发展目标。企业现在可以考虑将可持续性和 ESG 标准报告合并为"繁荣报告"，作为衡量企业业绩的新方法。

这些是为促进新的商业意识的产生而采取的步骤。企业如果在对外部市场需求保持敏感的同时充满目的和活力，就将在转型中发挥不可或缺的作用。相应的，政府可以作为促进者提供指导，维护个体企业的角色和目标。政府应该负责建立框架并为企业设定界限。同时，政府也是能够与企业形成合作关系的投资者，在这种关系中，企业为政府制定政策提供信息，政府则对社会脉搏了如指掌。市场将继续由自由市场经济服务，受社会利益和愿望的指导和管理。

当政府和企业可以自然地相互制衡时，协作的自我调节系统将是显而易见的结果，一种新的和谐将会到来。

企业慈善事业是企业的目的

企业慈善事业正在得到重新定义，因为企业将逐步开展自己的非营利活动、社会责任投资和合作。在爱的新意识的驱动下，企业管理将把企业慈善事业融入到以 ESG 标准矩阵为支撑的影响力投资实践中。在这个善经济体系中，企业、治理和创造社会影响的角色将被融合成一个无缝的整体；企业慈善事业将与企业管理密不可分。

投资决策和战略将转向服务社会需求，这是市场需求的基础。企业最接近市场，对其需求最为敏感。这将影响它们如何开发适当的业务模式以及它们的商业行为。企业和社会可以建立相互依存、互惠互利的关系。在这个新市场中，企业将旨在同时服务于人类福祉和创造财富，这两个功能不应该相互排斥。

这种整合已经开始了。企业慈善事业现在是品牌和商业信誉的重要形式，社会和投资者都要求企业承担这种责任。可能起初是作为对投资者需求的回应，但无形中企业开始认识到其角色和目的，并逐渐学会通过慈善投资表达爱，并为其未来市场提供信息。

总的来说，业界中有更多的企业正在提高意识，这反映在 2019 年美国圆桌会议重新定义企业目的和角色的声明中。随着这些想法得到认可，非营利活动将迎来增长和常态化，企业积极为社会和集体福祉做出贡献将成为惯例。企业必须进行自我反思，审视和分析自己的目的，为自己定义更广泛的背景，为员工提供更多的意义和动力。

企业将重新定义品牌，不是花费金钱进行市场营销和自我推广，而是将资源用于打造充满爱心、关爱和社会投资的企业。事实上，企业可以成为主要整合者，主导政府、企业和非营利组织之间的三方合作，服务于个体和集体的福祉。

政府和企业都可以为非营利组织提供资金并整合到他们的体系中。ESG 标准将管控投资和资本的配置和投资方式，包括全球主导互惠互利基金如何分配资本。就像任何系统性的变革一样，当一小部分人越过本体论的鸿沟，一起努力建设新的未来时，分岔就会发生。而家族企业是引领这一变革和转型的最佳选择。

家族企业有着特殊的角色

在探讨企业的角色时，我们不能忽视家族企业。家族企业可以被定义为由一个或多个家庭拥有和控制的企业。根据家族企业研究所的数据，家族企业占据全球所有企业的约三分之二。它们产生了全球约 70—90％的年度 GDP，并在大多数国家创造了 50—80％的就业机会。家族企业主导着商业世界，对经济有着巨大的影响。

但是，多代家族企业的独特之处在于将家族价值观融入企业。通过他们的直接和间接参与，家族企业的所有者影响并塑造着企业文化。许多家族企业自然而然地考虑长期影响，并拥有家庭、慈善和企业资本分配的策略——当这些不同形式的资本被整合在一起时，系统就会产生影响力。

鉴于这些特点，家族企业的领导者可能成为开拓先驱，是推动系统越过分岔点、领导新的善经济体系建设的关键群体。在新时代，家族企业可以发挥极大的影响力，因为它们自然而然地考虑长期利益，拥有稳定的股权和管理，并且占据了全球企业的最大份额。此外，每个家族企业的管理权通常都高度集中，可以通过高效和有效的方式实现许多目标。

家族企业也在寻找新的可持续发展模式。许多家族企业网络已经形成，提供家族企业专业学习计划的大学和领导力中心越来越多。它

们都在探寻可持续发展和财富保护的奥秘。例如，国际家族企业协会
（FBN）正在引领名为"北极星"（Polaris）的全球性运动，专注于采
用可持续的整体方法，推动经济、社会和环境影响的最大化。

　　新一代家族企业领袖将展现并实践几代人精炼出来的价值观和道
德观。每项投资决策和商业行动都将承载更大的使命和责任。总之，
家族企业最适合在这一领域发挥作用，并具备影响世界的能力。在新
的幸福时代，灵活就业和创业占据主导地位，家族企业的运营和标准
将为这个时代树立榜样，并重建商业道德。

塑造不同的经济范式

　　基于这个框架，未来会是什么样子呢？在量子范式中，未来无法
事先预知，因为我们都有选择塑造未来的权利。如果我们选择内心的
旅程，就会发现选择的自由。由此，看似混乱的一切实际上代表着塑
造未来的机会——通过信念和思想，我们可以创造一个天性渴望的繁
荣而幸福的未来。

　　这个过程可能会偶尔让人感到孤独，但我们必须记住，许多其他
系统也在与我们一起创造能让所有生物和谐共存的地球。就像优美的
蝴蝶在茧中变形一样，大多数的变化必须通过内心发生。内在世界决
定着我们的存在方式。通过这场内心旅程，我们将获得更可靠的内在
权威，并为集体的幸福服务。在新时代，那些掌舵的人将成为管理
者，引导我们运用这种力量。

　　我们的意识和觉知塑造了我们的创造和行动方式，一个共同的世
界观将推动分岔过程，促成系统性变革。我们通过内在旅程进入自我
实现的过程，提高意识水平，以获得愿望和存在的力量，以及想象和

创造的能量。我们可以选择柔和的关系带来的能量，以替代竞争、忍耐力和意识的缺乏。选择权在我们手中。

我们拥有选择，我们必须行使这个力量来启动内在旅程，以获得自由和无限的责任感。当我们到达内心最深处，倾听真正的内心呼唤时，我们的选择将与一个共同的世界观保持一致。我们重视共性，拥抱发展的多样性。

一些人将引领这种变革，引领进化过程，他们是量子领导者。这些人选择踏上终身学习的旅程。量子领导力将随之出现，带领世界超越分岔点；他们的觉醒和对共同世界观的认同将促进协作和创造。

你可能想知道，在全球范围内实现这个愿景的可能性有多大，我们该怎么做，有没有中间阶段，未来将如何展开。这个世界因为未知而存在无限可能。但可以肯定的是，教育和学习将成为创造统一社区的关键。虽然目前我们无法确定具体形式是什么，但这种不确定性本身就带有创造力。当我们学会接纳不确定性时，便可以充分利用创造未来的自由。这是一种富足心态，总是在不确定中看到可能性，并有足够的勇气选择不同的道路，即使可能是非传统的道路。

在面向新时代的幸福范式中，我们现有文化中的一些元素将逐渐消失，其他元素将获得提升以适应时代变化。竞争将让位于合作；建立在竞争基础上的关系和模式将被基于治愈、和解和宽恕原则的模式所取代。贪婪和匮乏心态将被关爱和富足心态取代。以自我为中心的价值观和观念将向对集体利益和福祉的认识转移。最重要的是，我们将不再依赖外部权威，而是学会倾听我们的内在权威，并开始信任内在直觉。

分离将让位于整体性和互联性，而非分裂，这才是对真正现实的反映。最后，碎片化组织将被整合结构所取代，旨在为整体服务。

在这个关键时刻，人类有一个选择，即走到一起，开始书写一个新故事——一个关于自我、健康、教育、学习、家庭、工作、社区、环境和自然重新建立关系的故事；一个以爱为最终表达的善经济体系。

一个新的善经济愿景

我们个人构建的多样性、政府结构与职能，以及我们的经济发展，可以追溯到人类原始部落的时代，那时群体中的领袖在狩猎和战斗中崭露头角，引领着整个群体，奠定了今天社会结构和制度发展的基础。由部落的需求驱动，领导者还会与部落的智者商量，作出与自然相一致并超越经济价值的决策，让每个人都能得到照顾。

快进到工业化时代，当现代经济学之父亚当·斯密提出他的经济愿景，主张经济应该由市场力量驱动，是自我调节和自我组织的。亚当·斯密发展了"看不见的手"的比喻，他认为，个人的自利行为可能在无意中带来公共利益和社会利益。他在理论上认为，在自由市场经济中，"看不见的手"会有机地带来一个平衡状态，无需政府干预。

当我们选择通向内心深处的旅行时，驱动经济活动的欲望——这是由我们的意识、世界观、信念和价值观所确定的——将会发生变化。以幸福和福祉为共同目标的新生活方式将塑造新的经济活动。市场经济也将影响我们的文化和共同的世界观。

在这种共性的指导下，经济学将成为东西方共同创建新的善经济体系的杠杆，取代今天主导世界的众多"主义"。这是一种以建立人类财富为前提来建立国家财富的经济哲学，基于意识转变，以道德和负责任的发展为方向。如今，是时候转向新的善经济体系了。

　　新的综合经济模式需要一个全新的赛场，以及新的监管机制，以便引导资本市场和全球贸易经济的操作模式。经济活动将恢复稳定，使所有系统都能繁荣发展。全球贸易将被重新组织以支持这些新的经济活动，同时，ESG 标准和影响力投资决策将成为当前功能失调的经济模型的整合者，贯穿于整个善经济体系的文化之中。

　　政府将成为经济活动的引导者和支持者，取代传统的监察员角色。商业将运用其核心能力，扮演不同资本和经济参与者的整合者。在当今世界的商业环境中，家族企业凭借其长远的业务眼光和人际关系的处理方式，有着独特的能力，可以引领社会资本与商业利润之间的平衡、交易与人际联系的协调。通过东西方文化的融合，家族企业的这种特殊能力将推动人类社会进入一个崭新的善经济时代。

第三部分
未来已来

　　我在黑暗的房间中醒来，看了看床头的钟表，发现已是早上六点。深深吸入凉爽的空气，我欣赏着环绕着自己的这片宁静。带着一份认知和感激之情，我意识到我找到了家之所在：回归内心，同时拥抱世界。我闭上眼睛进入冥想，微笑着，内心暗自感叹，多年来我从未察觉内心一直存在的一致性与平静。如今，我既已经看到了新时代的福祉与幸福的意义，也就更明白，我想要的未来早已在我当下的经验中显现。

第六章

CHAPTER 6

探索一个选择，一个世界

觉醒

　　量子领导力的崛起就在此刻。这不是一个理论，而是建立在我的旅程和经验上的一种觉察。觉醒的过程可以说是一场"英雄之旅"，开启了我对整体性和一致性的追求。

　　千面英雄最初是许多世界神话中常见的原型，最早由比较神话专家约瑟夫·坎贝尔（Joseph Campbell）开始谈及。坎贝尔发现，许多神话都以英雄之旅为中心，而不是以英雄本人为中心。这种神话原型描述了一个英雄开始觉醒并经历转变的过程，他所做的事情早已超出了日常的舒适圈。重要的是，这场英雄之旅并不发生在外部，而是在内部发生，因为英雄遵循自己的内在使命。

觉醒的英雄看到了他以前无法看到的东西；他看到了归于一体的可能，从个人内部的转变开始，最终团结全人类。正是通过这一愿景，所有的英雄都将体验到一种集体的脉动，他们共同行动，使用一个共同的身份。虽然他们多采取单独行动，但其决定却朝向同一个方向。

本章将专门谈及我的觉醒之路——以我的观察和觉醒经历为基础。我们反思人类的发展时会发现，未来就掌握在我们手中。我们坚守信念和思想，结盟、合作，并集体创造新的未来。

无论这一愿景是否引起你的共鸣，我希望你能以好奇和开放的心态来对待它，在新的幸福时代到来时，跨越文化和地理的界限，把我的个人旅程当作千面英雄的一部分来看待。

我的故事

多年来，我逐渐认识到，我们才是自己生活的管家，创造了我们渴望拥有的命运。在进化的每一个阶段，人类都在迎接挑战，开发出创造性的解决方案，并取得进步。满足衣食住行的基本所需，并最终超越了对生存的基本焦虑，开始过上纵情享乐的生活。进入新的幸福时代，越来越多的人开始追问生命的目的和意义这一类存在性的问题。我为什么在这里？生命的目的是什么？

技术的高速发展也揭示了一些人类准备创造的未来的样貌。现在，我们对人工智能领域的巨大进步已经司空见惯，不再为之惊讶。越来越多的生物技术界面被整合到人体中，成为血肉之躯的延伸。这些前所未有的可能性是我们创造力的体现。几十年前无法想象的事情，已经成为当今现实中平平无奇的日常。但这些恰恰是改变我们生活方式的要素——改变我们的欲望和世界观，进入新的幸福时代。

科学的新发展向我们表明，我们可以通过发挥信念、思想、愿景和想象力的作用来创造未来；事实上，再没有其他方法可以创造一个可持续的未来。反思历史就会发现，我们一直在创造自己的未来。当我们把集体的意识集中在一个有利于所有人福祉的未来时，它就会被创造出来。

通过信念和思想的力量，我们可以将注意力从只强调意志力——做事的力量，转移到我所说的"愿力"——存在的力量上。与其困于匮乏的心态中，陷入不断与他人比较的无限焦虑，愿力关注的是新未来的可能性。通过正念，我们把自己从压力中解放出来，让真实本性发挥其魔力。由此我们将改变能量的来源和与他人相处的方式。依照量子范式生活，接纳未来的未知和不确定性。我们每时每刻都在选择创造和合作，并朝着一致性发展。

当然，相信这样的未来也涉及一个有意识的选择因素。我们都必须做出选择，相信我们的未来会有良好的可能性，并对建立在仁爱、慈悲、互利和善意基础上的未来充满信心，然后我们才能想象它是什么样子。正是以这种方式我们才会见证善经济的兴起——一个新的量子时代。

无论喜欢与否，我们都是相互关联的。当我们改变自己的时候，同时也会影响周围的人、事、物，很快整个系统都会随之改变。前文中我简要介绍了美国作家约瑟夫·坎贝尔的"千面英雄"思想，即神话中的英雄之旅，他能够为人类设想一个未来，并动员人们为这个愿景而努力。在这一章中，我将在这一觉醒之路的基础上进行阐述。

事实上，我们所需要的只是启动一场向内的旅程，与最深层的自己接触，并选择与他人和谐共处。我们的选择凝聚了蝴蝶效应。保持正念，便会活出自己的使命，实现我们的目的，并找到真正的幸福。当然，对内在使命的考虑必须包括我们所处时代的具体条件和要求。因此，这种使命必须在时代背景下非常仔细地加以考量。

出于这个原因，我将在这一章分享我的故事——到目前为止，我的旅程，即我如何拥有我在本书中分享的愿景、信念和梦想。我相信我有能力将我的经验转变为所有人学习的契机，因为我的大部分生活融合了东西方智慧，是物理学和形而上学之间的桥梁。

当我们意识到我们可以选择自己的旅程和道路时，我们就赋予了自己自由。在这场探索内心世界的旅程中，即正念之路上，我们向一个具有无限可能性的整体世界敞开心扉。听到内心的呼唤时，我们也发现了生活的目的和意义；因此我们被赋予了创造新未来的权力。就像在元宇宙中，纯粹用思想的力量创造一切。

许多人问我："你为什么要这样做？如果失败了怎么办？"

我告诉这些关心我的朋友和家人："我不能对已经看到的东西视而不见。"

我的旅程故事，以及沿途的选择和发现，为我打开了无限的可能性。这场旅程如今影响着我的决定和行动。我希望你也能从这个故事中得到一些灵感、指引和智慧，助你踏上属于自己的旅途。

我的人生旅程

我的故事，是一个出生在不同文化交汇处的中国男孩的故事。从一开始，我就接触到来自东方和西方的传统和价值体系。我的家庭起源于上海，我的文化根基在中国。由于我出生在富裕的地方，我从来没有面临过经济压力和困难。

1957 年我出生在中国香港，在一个繁荣的国际贸易和商业中心长大。我的家庭比其他大多数中国人更西化，几代人都有很强的流动性。当我的曾祖父在清朝晚期开始做家族生意时，他已经开始与外国人进行贸易。我的祖父在一所英国人办的中学上学，能说流利的英语。在 20 世纪伊始，一个中国人对英语如此精通，实属罕见。他冒险走出中国，远赴巴西，最终成了巴西公民。延续这一适应性和敏捷性的家族传统，我父亲将企业从上海迁到香港，最终将家族企业从新加坡、马来西亚、泰国和中国一直发展到日本，遍及亚洲各地。最终，我父亲成了马来西亚公民。

我在密歇根大学学习，毕业时获得了海军建筑和工业工程的学位——这些知识被认为是家族企业的未来掌舵者所必需的。同样，我们这一代人也从我们祖先的经验中学习。我的家族成员分布在世界各地。虽然我们共同的根在中国，但我们同时也是一个由全球公民组成的家庭。通过家族企业，我有无数次机会与世界各地的企业和机构密切合作。这使我对不同的文化和信仰体系有了敏感的认识。对我和我的家人来说，人类社会和文明中大量的文化差异一直是一笔巨大的财富。

在我的生活中，某一个阶段，我几乎 70％ 的时间都"在路上"。曾经有人问我，对我来说，家在哪里？我的回答来自我内心的声音，那就是"我的身体就是我的家"。的确，我的成长经历让我在任何地方都有家的感觉，这是我深深感激的礼物。

我是婴儿潮世代的一员，我们的一生可能见证了人类历史上最彻底的范式转变和变革。在大学期间，我经历了嬉皮士时代。我不知道世界会发生这么迅速的变化，也不知道全球化会突然接管一切，带来了消费主义和市场经济的主导地位。

1977 年，年仅 20 岁的我加入了家族企业，并在 1995 年接管了家族企业。作为第四代掌舵人，我同样也继承了保护财富的责任。中国有一句源自孟子的谚语，"富不过三代"，意思是财富不能持续超过三代。这听起来像是一种挥之不去的魔咒，也让我深感责任重大，更不能让这句话在我的管理下变成现实。

商业上的成功以一种近乎超自然的轻松方式降临到我身上，而且是以我没有预料到的方式。年轻的时候，我也沉浸在工业化时代猖獗的物质主义心态中，我接受了资本主义和全球主义意识。作为一个企业家，我确实对当今世界面临的可持续发展挑战做出了自己应有的贡献。但回过头来看，在后知后觉的情况下，我才看到这其中有多少是为了满足"小我"。

这些年来，我看到不受控制的经济增长会对社会造成怎样广泛的伤害。我目睹了亚洲经济奇迹的兴衰和赌博经济中不负责任的投机活动的泛滥。我看到了贪婪和财富积累欲望的阴暗面，金钱被提升到了崇拜对象的地位。对于那些视金钱为万能的人来说，生活中没有什么是不能牺牲的。早期接触到金钱的危险，迫使我进入了深刻的反思。

我曾经历过一次可怕的事件，在我试图开展纯净的商业行为的过程中，一名工作人员，他也是我的同事和同胞，被有组织的团伙暴力杀害，这让我备感不安，这也是一个关键的时间点，让我停下来开始反思。生命真正的价值是什么？商业如何融入这一切？我对企业的性质和作用提出了质疑。如果企业不珍惜人的生命，即我们所有财产中最基本和最重要的东西，它怎么能继续像以前那样存在，并声称自己是为人类愿望服务的？

这些现象和经历为我提供了警示，仿佛在警告我随时随地有可能屈从于这种对财务和欲望过度的追逐。肩负着维护和为家庭财富增值的重任，我想知道我的商业和经济哲学的界限所在。为了利润，我将走多远？商业的最终目的到底是什么？我将如何维持家族企业并保护家族遗产以传给下一代？

探索的时代

在不断向内探索的旅程中，我还发现了物理学和形而上学之间的桥梁——量子范式的基本框架。这一启示改变了我对信仰的看法，也引发了我对人类进化的一系列深刻反思。在我的生命中，我比以往任何时候都更清楚地看到，一切皆为生命，生命皆为一切。无论曾经的我还是这一刻的我，存在的意义即为生命增值。

商业作为服务于人类欲望的最有效的形式，必须以集体的福祉为导向，集体的幸福是其第一要务。至关重要的是，我做出了选择，开始了我的人生之旅，并带领我的企业踏上自己的转型之路——重新审视生活的目的和意义。我选择为自己和我所管理的企业开启这一进化之旅。

领导力在任何地方都是必要的，无论变革是文化性的、结构性的，还是过程性的。对我来说，领导力是一种能量，需要通过内在的旅程和探索来培养。它通过一小群人散发出来，这些人已经选择了拥抱量子范式。他们目标明确，以行动为导向，并有影响力邀请他人参与共创一个幸福快乐的新时代。

作为一个四代家族企业的总管，我很幸运地处于一个独一无二的位置上，可以推动重大的变革。我被赋予了足够的资源，可以做出影响许多人生活的决定。但重要的不仅是我的特权，还有我一路走来的选择，它们是由内在的精神旅程促成的。我坚信，一个觉醒幸福时代即将到来，我选择有意识地参与创造，促进商业转型，并已经站在了全球意识转变的最前沿。

家族企业中的关系对于企业的可持续发展是最重要的。在这种心态下，我选择重新定义这些关系，首先是我与财富的关系。我的结论是，财富是一种承担责任和管理的机会——其背后的基本原则是"我们从一无所有中来，将一无所有地离开"。我们是这些财富的管家，而不是所有者。对我来说，改变我对财富的概念以及我与财富有关的角色，是一场令人难以置信的解放；因为它使我意识到，我们每个人都有责任维持这个家族企业的连续性。

我做出了我的选择，决定将家族企业的使命根植于幸福和福祉上。对我来说，幸福才是打破家族企业"富不过三代"魔咒的钥匙。如果我们不断发展并为我们所处的更大系统增值，我们将永远是有价值和有意义的。这项新的使命代表了我对进化进程的迎接和拥抱，去建立一个超越生物学的更广泛的家庭愿景，在商业经济中优先考虑可持续的落地。事实上，可持续发展将自然而然成为构建一个生命全面繁荣的愿景的副产品。

为了这个家族企业的长青，我选择承担起这份"幸福使命"（Well-being Mandate），作为一份奉献和礼物。该使命由一套原则和价值观组成，以整体的、不断发展的世界观和人生观为依据。这是我的礼物，我将带领领导层朝着为所有人实现可持续发展的未来前进。

我相信，每一个人都在新的幸福时代的到来中发挥着关键作用。我们生活的目的是为了繁荣，为整个体系增值。我们每一个人都有能力和影响力踏上这场领导力和转型的英雄之旅。无论是学者、科学家、艺术家还是音乐家，每个人都有可能成为一个量子领导者，参与全球意识的转变，并催生分岔的过程。

毕竟，新量子时代的核心信条之一是每一个部分都与彼此紧密互联。系统中的每一个零件的正常运作才能促成整个体系的良好运转。拥有50万亿个细胞的人体也许是我们对这一真理的最好和最熟悉的说明：我们体内的所有细胞必须在一个复杂的编排中相互协作，以确保整个身体的健康运作。因此，我们必须明白，我们每个人都是完整的，我们不只属于自己，也都有责任构建和维护所有人的幸福与福祉。

我进一步认识到，具有全球影响力的家族企业可以成为企业转型的支点。如果全球的家族企业能够有意识地选择开启这一转型之旅，我们都可以成为这一航程中的伙伴。我们可以一起达到临界点，催化企业转型的分岔。由于家族企业所拥有的突出地位和巨大潜力，我投资于这样一种可能性，即它们将引领转型的能量进入新的幸福时代。

这不是一个渐进的变化，而是一个不可逆转的系统性转变——我们再也不可能回到以前的世界。尽管存在风险和不确定性，我还是选择将我的商业模式转变为服务于新的善经济的模式。这个模式是一个正在发展中的原型，是一个生命的生态系统和基础设施，包含硬件和软件，用以支持新时代的欲望和需求。正是出于这个原因，我创建了音昱——它是我信心的飞跃，我所传递的希望，以及引导我通向未知未来的明灯。

在以整体幸福为信念的基础之上，我决定以新的学习、生活和投资方式建立"音昱"；对我来说，它代表了幸福和善经济，是一个完整的"生态系统"，为终身学习之旅、ESG标准、影响力投资以及正念生活方式提供了一个模型。

我想创建一个支持大健康时代和幸福文化的结构和体系，而不是以利润和生产力来衡量成功。我希望每个人都能意识到，他们有能力为新时代的转变承担责任，在家庭和社会生活中发挥自己的主人翁精神，通过协调与合作，创造更大的社会价值。

我的使命

许多人问我，"如果你失败了怎么办？"我对这种关切感同身受。但是，从某种程度而言，要完美地回答这个问题是不可能的。信念的飞跃中带有失败的可能性。我知道这是一个事实，也已经衡量了所有的风险，但我仍深信，尽力推动我所相信的变革是值得的。

现在是时候了。通过多年的实验和经验，我已经见证了这种向整体主义和一致性转变的开始。它是不可逆的。进化的能量已经涌现，并准备改变全人类。

作为企业家和家族企业的管理者，我通过多年的深入倾听和内心探索发现了我的使命，它体现了我对行动的强烈愿望。在了解了我的目的和角色之后，我选择了开启内在的旅程——利用我的自由和权力，成为转变过程中的一个环节。如果音昱失败了，我毫不怀疑将会有替代模式、新的创造和原型出现。

这也许就是我对许多人提出的问题的回应。如果音昱失败了怎么办？如果说我在我的旅程中学到了什么，那就是谦逊。我只是一个更大的系统中的一部分，这个系统包含了我们所有人。未来是一个巨大的未知领域，我和其他人都无力知道它是什么样子。我只能采取有意识的行动，用我所知道的和所珍视的，为了所有人的利益，把我所相信的未来变为现实。

当然，仅仅依靠我自己是做不到的，但我致力于邀请所有人——无论他们的才能、技能和喜好如何——加入我的旅程中。我相信每个人都可以发挥作用，通过量子领导力和善经济的整体配合，我希望为每个人的贡献留出空间，并鼓励所有人为进化的进程增值。这就是我对自己的使命和人类使命的回应。

采用这种模式的企业越多，复制或调整该模式以适应自身环境的企业越多，我们就越接近临界点。我们是否想参与转型，是每个人可以做出的最终选择。选择权在我们手中，我们要启动进入内在世界的发现之旅，暂停繁忙的生活节奏，让思想静止片刻，观察存在的核心，使自己与内心的声音相适应，使命就会逐渐显现。就像重生一样，我们将通过新的眼睛看到这个世界。

我们的参与将是一次重生——重新认识我们所相信、重视和渴望的一切。这种对世界的重新认识，无异于对量子世界观的觉察。这种顿悟会在我们的思想、欲望、价值观和最终的行动中产生反响，从而塑造我们的文化。从深度互联的潜藏的世界里，我们将被内在赋予权力，为新的善经济服务。作为人，我们的愿力将影响行动的意志力，并为之提供能量。

在分享了我的觉醒和转变的故事之后，我邀请你加入这场选择和转变的旅程，与我一起航行，去开拓人类从未涉足的道路和领域。我邀请你做出选择，去觉醒，去倾听，去行动。我们之中的每一个人在未来都拥有自己的位置，有独特的方式为进化做出贡献，为生命增值。就像拼图的各个部分一样，在转变和重组的过程中，我们只需要在令人眼花缭乱、纷繁复杂的马赛克世界中找到自己的位置。

尽管未来的不确定性可能令人恐惧，但我们必须记住，在这一点上，没有人是孤独的。我们可以一起创建新的秩序，那就是一致性（Coherence）和整体性（Holism），由此，我们的外在（Outer）和内在（Inner）将在持续进化（Continuous Evolution）的过程中相连。

换句话说，我们要作出选择（CHOICE）！选择将赋予我们自由，带领所有人跨越本体论鸿沟，进入幸福的新时代。

让我们拥抱进化的能量，怀着对创造力和无限可能的信心，登上这艘扬起风帆的船，驶向光明的未来。